刘木新　著

人间／千窑掬匠心：
窑工实录

窑火凝�

刘耿　董晓晔　主编

社会科学文献出版社
SOCIAL SCIENCES ACADEMIC PRESS (CHINA)

序一
让历史"活"起来的干窑

　　嘉善县干窑镇历史上以窑业闻名于世。干窑烧制的砖、瓦、器始于唐宋，胜于明清，方志称其为千窑之镇。物以民用为主，不若专制贡物的官窑盛名。但正是这种拥有更广泛用户群的商业模式，使干窑获得更持久的生命力。尽管时代在变换，但民间还是那个民间。拥有300余年历史的古窑今日仍然在维系它的工艺、生产，为江南的青山秀水间平添了灯火阑珊。

　　我们通常所见遗迹，是失去了活态生命力的标本，在现代修缮技术的加持下，它静静地诉说着当年栩栩如生、活灵活现的历史故事，在某种意义上，它已切断与历史的活态生命联系。干窑的可贵之处就在于它仍然是具有生命力的古建筑材料生产的活态遗产。这里既是历史遗迹，也是历史现场，更是为中国传统建筑传承、发展承担生产传统材料的非物质文化遗产大作坊。窑工们说着祖祖辈辈的方言，延续着祖传的技艺，码放着与历史一色的砖瓦，于一砖一瓦中传承一丝不苟、精益求精的工匠精神，一切宛若昨日。

　　干窑为什么还在生产呢？原因有二：一是，窑包若停止

窑火凝珍

干窑掬匠心：窑工实录

生产则易因保护不到位而发生塌陷，不间断地生产是保住窑包的最好方式。这像不像是古人智慧的程序设定？以此保证后人技不离手，代代相传。二是，现在各地的古建修缮保护需要这种传统砖瓦构件，这是我们保护传统建筑工艺材料真实性的必备条件。通过改变传统工艺生产甚至 3D 打印或许也能做个样子出来，但总是缺少历史的韵味，改变了古建筑材料的历史信息真实性。供应链安全是当前经济领域的一个热门话题，其实，干窑这样的供应链在古建筑保护领域更稀缺，尤其是在全国保护传统古建筑、留住乡愁的时代背景下。

所以，干窑是能够使历史"活"起来的一个重要节点。经由干窑，我们不仅可以看见历史，更能到达历史。

我们很欣喜地看到，今日干窑镇围绕着"活"字做了很多文章，使干窑的历史不仅"活"下来，而且"活"得更出彩。编撰出版这套干窑窑文化系列丛书就是重要的手段之一。该丛书共分 7 册，可以说从眼、耳、鼻、舌、身、意"六识"全方位展示了一个立体的干窑，将干窑的"活"字从各路灌输到人的心田。干窑是什么样，读了就知道了。即使没去过干窑的，也愿意跑一趟看看。

干窑镇的做法至少给我们四点启示。

其一，想办法建立起遗迹的古今连接，使遗迹"活"起来，这是遗迹保护的好方法。我们往往对"保护"有一种误区，认为尽量少动少碰甚至隔绝就是"保护"。殊不知我们保护的不仅仅是遗迹的物质本体，更要保护其蕴含的文脉，文脉得在活体之中传承。有效利用是文物保护重要传承方针的体现。

其二，许多地方宁愿依附或硬套与自己相去甚远的"大"历史，即历史名人、家喻户晓的历史事件而忽略"小"历史，一味求大是当今的一股风气。挖掘身边细小但真实的历史更有价值，通过发现、挖掘、推广使不知名的历史变知名，甚至成为一门"显学"，这像原发科技一样重要。

其三，保护手段要创新，要多样化。干窑的动态和静态保护展示要合理安排，既要注重"硬件"，也要注重研究、出版、传播等"软件"，正如窑包不烧加上保护不到位就会倒塌一样，硬件系统也需要"气"的支撑，"气"指的是看不见的软件。

其四，干窑的生产要处理好与环境保护的关系，要有新思路、新方法、新技术，在不改变传统工艺和基本形制的前提下，让干窑镇成为传承生产古建筑材料的非遗亮点。

干窑镇的窑文化遗迹保护与开发，为我们树立了一个非著名遗迹保护与开发的范式，它从遗迹本身特点出发，抓住"活"字这个关键的着力点，运用多样化的保护、开发、传播手段，产生了非常好的社会效益和经济效益。

中国文化遗产研究院原总工程师

中国文物保护基金会罗哲文基金管理委员会主任

序二
历史"长尾"上的干窑

（一）

历史遗迹的发掘和运营，是一门注意力经济。人们更关注著名人物、著名事件的遗存，如果遗存本身自带精品属性或恢宏叙事的气质，就更好了。人们只关注重要的人或重要的事，如果用正态分布曲线来描绘，人们只能关注曲线的"头部"，而忽略了处于曲线"尾部"、需要花费更多的精力和成本才能注意到的大多数人或事。浙江省嘉善县干窑镇的窑文化遗迹就处于这样的曲线"长尾"，具有以下特点。

一是"小"。干窑镇位于长江三角洲环太湖区域，这一区域土质细腻、黏合力强，适宜砖瓦烧制。从史前文化的烧结砖、秦砖汉瓦、明清时期专业的窑业市镇，到近代开埠后在大上海建设中的大放异彩，干窑砖瓦窑业正是环太湖区域窑业历史文化的典型代表。在长三角的窑业史上，干窑镇与陆慕镇、天凝镇等共同组成了一串璀璨的珍珠链。

二是"低"。对瓦当的研究与收藏，早在金石学较为发达的北宋时代就开始了，此后的南宋及元明都有记载，清代乾嘉学派将瓦当的研究推向高峰。当时，文人士大夫间收藏与研究瓦当甚为流行，从清末到民国，在一代又一代的瓦当研究与爱好者的努力下，瓦当走进了寻常百姓家，成为大众喜爱的装饰品和收藏品。但与精品文物相比，傻、大、粗、黑的建筑构件的收藏价值一直较低。"低"也意味着升值空间大，关键是挖掘出窑文化的价值并加以发扬光大。

三是"活"。有着300多年历史的沈家"和合窑"，是一座承载着旧时代烧窑技艺辉煌的"活遗迹"，为中国各地的文物修复、仿古遗迹等烧制砖瓦。生活在当下的掌握着古老技艺的窑工们，也有一种富有生命力的历史感。也要感谢计算机记录和存储功能这么强大的今天，每一个人都可以在历史上留下一笔。以往历史只讲述"人类群星闪耀时"，只有极个别的人物或极幸运的人物能够被载入史册。这批窑工的前辈们，偶尔也会将自己的姓名刻制在某块砖上，这是产品责任制的一种表现，但也只是留下一个名字而已，再无其他史籍参照与其产生更多的关联。为此，我们希望能细描这一段历史的"长尾"。

（二）

干窑窑业历史悠久，辖内发现唐代瓦当后，干窑窑业被初步判定起始于唐代。又据在干窑长生村宋代大圣寺遗址出土的"景定元年"铭文砖，最迟于宋代干窑就已开始烧制砖。

明代苏州秦氏迁入干家窑，并将京砖烧制技艺传入江泾，吕氏、陆氏开始生产"明富京砖"。从干窑出土的明代嘉善城砖以及清顺治年间干家窑产砖运往杭州建造满城（在杭州）可见，明末清初干窑烧砖技艺已趋成熟。清代中期，干窑已成为嘉善县的窑业中心，被称为"千窑之镇"，县志记载："宋前造窑，南出张汇，北出千窑"。位于干窑镇的古砖瓦窑沈家窑，以烧制"敲之有声，断之无孔"的京砖闻名。传说乾隆皇帝下江南时，误将"千窑"念"干窑"，"干窑"由此得名。至今仍在烧窑的沈家窑、和合窑已成为省级文物保护单位。

干窑也是江南窑文化的发源地和传承地。干窑的砖窑文化不仅包括窑业特有的生产技艺，如砖窑建筑技艺、瓦当生产技艺、京砖生产技艺等，还包括瓦当砖雕文化、窑乡民间故事传说、窑工生活习俗等。干窑的"窑文化"是文化百花园中的一朵奇葩，形成了江南水乡独具特色的砖瓦窑业文化。干窑文化不止于窑墩林立、砖瓦世界，而是多姿多彩、鲜活生动，每年农历正月有"马灯舞"表演，走亲访友常提杭、嘉、湖地区特有的工艺食品"人物云片糕"，还有与景德镇瓷器、北京景泰蓝并列为"中华三宝"的干窑脱胎漆器，以天然大漆和夏布为材料，经裹布、上漆、上灰、打磨、髹饰、推光等数百道工序纯手工制作，一件小型成品就得历经一年半载。

窑文化实质上是干窑镇、嘉善县乃至嘉兴市最有特色的民间文化之一，既是十分珍贵的物质文化遗产，又是特色鲜明的非物质文化遗产，干窑镇党委、政府正在进一步挖掘窑文化，做好窑文化文章，为长三角一体化提供深厚的历史底蕴和宝贵的文化财富，着力建设窑文化展陈馆、窑文化非遗体验点、修复废弃窑墩遗址，打造"窑文化"旅游品牌，推动窑文化的保护与传承。

编撰以窑文化为主题的书籍也是挖掘和保护窑文化的重要手段。干窑窑文化系列《窑火凝珍》正是在这样的大背景下，以"窑文化"学术研究、传承传播为主旨，邀请老窑工、民间爱好瓦当收集名家、高校学者和文化部门的有关专家学者等，回忆、讲述、挖掘、整理有关窑文化的历史、故事，并通过文字、摄影、摄像记录下有关京砖、瓦当的传统生产技艺，以图文并茂的方式全方位展示窑文化。

（三）

干窑窑文化系列共分七册，各册简介如下。

册一·影:《镜头里的干窑》是关于干窑窑文化的影像志。本书选取由著名摄影师拍摄的干窑照片（历史照片＋定制拍摄），勾勒干窑影像自身嬗变和行进的历史，也试图从感性的角度回溯干窑人与窑文化之间的深刻情缘。影像记录对象包括窑墩建筑、小镇景点／古迹、窑工、镇民生活、非遗展示、生产现场、活动场景等。

册二·史:《嘉善砖瓦窑业历史文化的传承》是关于干窑窑业与窑文化的简史。按照年代时序，内容上强调每个时间段干窑砖瓦对外影响和时代地位。时间断限由上古至今日。

册三·工:《干窑砖瓦烧制技艺》主要反映古代、近现代干窑砖瓦烧制的过程，以列入浙江省非物质文化遗产名录的"嘉善京砖"生产技艺及列入市级非物质文化遗产代表名录的"干窑瓦当"生产技艺为重点。干窑窑业制品品种丰富，以砖瓦烧制驰名。对民国后机制平瓦诞生及生产技艺等进行介绍。

册四·物:《干窑窑业精品鉴赏》注重对窑业制品的重要社会功能及其艺术价值进行挖掘，尤其对古代干窑生产的铭文砖文化、瓦当文化进行解读，凸显干窑窑业精品独特的艺术地位。干窑窑业实物分为窑业精品及窑业相关文物两部分。窑业精品反映了古代干窑工匠精神，以工艺精湛、寓意吉祥为主，根据用途，可分为建筑材料和生活用品两大类。干窑窑业相关文物包含在干窑窑业发展过程中保存下来的实物，见证了干窑窑业的兴衰史，通过对相关文物的赏析，以物证史，传承历史，照亮未来。

册五·俗:《瓦当下的俗日子》是干窑窑文化的民俗辑录。窑文化中"俗"的部分，分为砖窑、砖瓦及窑工习俗三个部分。其中窑工习俗围绕衣、食、游、艺及拜师、婚丧、信仰、祭祀等展开。抓住习俗中最具吸引力的部分，在讲述人物或故事的同时，融合民俗资料，古今结合，探寻习俗传承与演化。窑乡的民俗充满了"实用"与"智慧"，那些"规矩很大"的事情，令青年一代感到新鲜的同时心中敬畏油然而生。希望能够用轻松、诙谐又饱含敬意的态度去展现瓦当下的俗日子。

册六·声:《时光碎语:流淌于干窑之间的传说与故事》是关于干窑民间故事传说的民间文学集，可称为窑乡"风雅颂"。窑工是民间传说和故事的天然创作主体、再次创作主体和听众，窑场也为其提供了传播情境。本册辑录了干窑的传统民间故事及新时代创作的作品。

册七·人间：《千窑掬匠心：窑工实录》是关于干窑生活的"纪录片"。现代窑工生活实录、老人对窑乡的记忆、乡土变迁故事等。通过挖掘记录民间的文化记忆，探讨现代乡村（窑乡）的精神底座与物质文明的冲突与互适。希望通过对窑乡相关人物的访谈，寻访到可以留存和传承的文化记忆，记录现代乡村的"人世间"，包括寻访烟火人生·人情故事、寻访火热生活·创业故事、寻访文化遗迹·手艺传承、寻访乡土变迁·乡贤归巢等等。

这七册基本上反映了干窑窑文化从物质到精神的方方面面。

目录
CONTENTS

上篇　窑乡民间纪事

下篇　不熄的窑火

上篇

窑乡民间纪事

作家赫克斯科说，"每个人的记忆都是自己的私人文学"。

在非遗之花绽放的"千瓦之都"，有一群人择一事爱一生，在水与火、金与土的淬炼中，他们手上的技艺、心中的记忆，带着一生的风霜，极力弥合着新与旧的碰撞，是值得抒写的民间纪事。

天生偏"匠"，"我与我周旋久，宁做我"。

2022 年 7 月 30 日，首都北京

新开馆的中国国家版本馆犹如新时代的国家文化殿堂，静静述说着五千年中华文明故事。

在中国国家版本馆中央总馆开馆系列展览中的"版本工艺"展区，两片出自嘉善县干窑镇的灰黑色瓦当静列其中，仿佛在向世人述说着中国江南窑文化的丰润与记忆。

两片瓦当，带着清朝的生活印记走来。一片是圆柱体的圆形瓦当，表面上刻有大大的"寿"字，寓意健康长寿；另一片是拱形的花边瓦当，表面上的刻纹复杂多样，有树叶、蝙蝠、桃子等，寓意多子多福多寿。

这两片刻有汉字的干窑瓦当，是中国国家版本馆中央总馆的相关工作人员特意千里迢迢从干窑寻来的。工作人员对闻讯而来的记者说，瓦当是人们对归属感最原始的诠释，而汉字演变则见证了中华文化的一脉相传，这两片瓦当是小而珍贵的文化载体。

它们的原收藏者、嘉善地方文化专家董纪法曾说："每一片瓦，每一块砖，都有一个故事。"

不错，这样的故事，在一个叫"干窑"的江南小镇，俯拾即是，流传数百年而不息，呈现出江南窑文化的独家民间记忆。

图 1　陈列于中国国家版本馆中央总馆的"寿"字纹瓦当（董纪法藏、杭斌军摄）。

沈家窑记忆

2022 年 8 月 19 日，浙江嘉善干窑乌桥头 135 号，沈家窑

有着 300 多年历史的沈家"和合窑"，一个承载着旧时代烧窑技艺辉煌的"活遗迹"，冒着腾腾的热气，正烧造出又一批为某一地的建设"添砖加瓦"的京砖。

当年，历史上少有的高温热浪一波又一波袭来，屡破纪录，最高气温达 43 摄氏度。但沈家窑的两位主人，一直坚守在祖上留下来的窑场，和工人们一起制坯、装窑、烧窑、出窑。

老窑主沈步云坐在主屋的廊下，点着一支烟，缕缕青烟升起，颗颗汗珠从额头上冒出来，顺着他黝黑发红的脸颊流下来。

少窑主沈刚坐在狭小的侧屋里，一边在手机上和客户商量订货、发货的事情，一边有一搭没一搭地和几个窑工闲聊。

"我从小生活在这里，今年 76 岁了。小时候，家里走出去看的都是窑墩。那时候没什么事就跟着爸妈做做砖坯、烧烧窑。现在干窑幼儿园、小学、中学都把这里作为实践基地。前不久，干窑幼儿园师生也来过，做些纪念品，他们每年都会来。小学生来踩脚印，踩好了烧成砖，铺成路，铺在干窑小学里，铺了好几年，做成长之路。中学的话，我送了块大京砖给他们，刻着'不熄的窑火'字样，放在外面。中学生每年来好几次了，体验砖窑技艺，小学生也每年来几次。"

在沈步云的自主叙述里，那些沈家窑的一路变迁，有意

图 2 沈家和合窑（金身强摄）。

图 3 沈家和合窑一角（韩李乐摄）。

图4 烟雾中的沈家窑（韩李乐摄）。

图5 沈家窑主
沈步云在添燃料
（金身强摄）。

图6 沈家窑传
人沈步云（韩李
乐摄）。

图 7　沈步云在
窑顶（韩李乐
摄）。

无意地，是被略过的。他喜欢从自己小时候的砖窑记忆，直接跳到为孩子们留下窑文化记忆的现在。

无疑，这些文化记忆的传承，在他的潜意识里有着非同寻常的意义。而那些被略过的沈家窑百年时光，起起落落，有过辉煌也有失落，也是"人世间"的样子。

图 8　沈家窑的
火（韩李乐摄）。

一生"窑"忆两种甜

　　沈步云祖上世代烧窑。他记忆中父亲小名"七相"，家中排行老七，下面还有一个弟弟和三个妹妹。大伯沈正岭是沈家窑的大管家，负责管账。其余的叔姑也都做些和窑有关的事情。父亲早早学会了烧窑的手艺，而母亲出生在出产过著名民富京砖的江泾村，那里都是做砖坯的，她从小就学会了做京砖坯，"窑场上的活都会做"。

　　耳濡目染之下，沈步云孩童时就喜欢"踩泥玩"。那时候做砖都是纯人工的，先要和泥，泥土浇上水，用脚踩匀后，用模具做成砖坯。长大后，他学会了出窑、装窑、烧窑，样样都会做，慢慢成了窑场的师傅。

　　因为做窑技能好、收入高，沈家成为人丁兴旺的富裕之家。沈步云记忆中的父亲四处"白相"，过得十分潇洒。家里还有一台邻居家都没有的留声机。大伯的名字为什么叫沈正岭呢？"我听家里的老人讲，沈家枝繁叶茂，就像整座山的岭，出生的大儿子就取名叫正岭。"同龄的孩子取名都很随意，甚至有叫"小狗"的，"正岭"这样大气的名字，也被族人认为是家族兴旺有文化的象征。

窑业曾经使很多干窑人的生活富裕，有力促进了当地的经济发展。

最早记载干窑窑业的是明万历二十四年（1596）的《嘉善县志》。清代中期，干窑已成为嘉善县的窑业中心，清末民初为鼎盛时期。

> 《嘉善县志》记载：嘉善砖瓦烧制业（俗称"窑业"），自明清以来，其窑域之广，窑墩之多，窑货之丰，从业人员之众，在江南罕见。在历史上，它对嘉善经济有过重大影响，对苏南、浙北和上海地区，特别是对上海的建设曾做出重大贡献。早在清光绪年间，干窑砖瓦就大量运往上海。直到全国解放，嘉善仍是供应上海砖瓦的主要产地，平瓦还远销华北、东北、西北各地。[1]
>
> 《干窑镇志》记载：干窑的窑业在整个嘉善的窑业发展、兴盛过程中发挥了举足轻重的作用。民国25年（1936）～26年（1937），干窑、范泾两地共有221座窑墩。直到解放，干窑还有砖窑155座（包括当时属于范泾乡的30座）。在漫长的岁月中，几乎家家户户从事砖窑业生产。干窑砖瓦业带动发展一方经济，繁荣嘉善城乡，干窑镇因此而闻名全国，成为著名的"千窑乡"，也因其窑业形成了江南水乡独具特色的砖瓦窑业文化。

---

1 嘉善县志编纂委员会编《嘉善县志》，上海三联书店，1995。

干窑是江南窑文化的发源地和传承地。[1]

"我家门口的和合窑大概建于清代后期。原来有三只窑，叫沈东窑、沈中窑、沈西窑。沈西窑在'文革'时倒了，现在只存下两只了。这两只，在新中国成立后统一排号，叫19号窑、20号窑，现在叫沈家窑。"在沈步云的记忆中，已经记不起关于沈家窑变迁更多的细节，他只记得，"文革"时窑被大队收掉。"文革"后还回来了，又被集体以1500元买去。"卖窑的决定是沈正岭做的。沈家几个家庭都分了钱，我家也分到了一两百块钱。"

图9 沈怡质老人（金身强摄）。

1 《干窑镇志》编纂编委员会编《干窑镇志》，中华书局，2015。

窑卖了，但沈家的后人还是习惯于以窑为生，有的继续留在沈家窑做工，有的去了别家的窑场，有的一辈子都在做窑工，比如沈正岭的儿子沈怡质，17 岁就跟着七叔（沈步云的父亲）学会了烧窑手艺，此后一辈子以此为生，养活了老老小小一家子，直到年近古稀做不动了为止。

2022 年的仲春，91 岁的沈怡质虽然听力不好了，但对着嘉善博物馆留存非物质文化记忆的镜头，讲起了贯穿他一生的窑场记忆，他笑得很开心。在他的认知里，烧窑是快乐的，受人尊重，也是可以让家人衣食富足。无疑这是充满甜味的人生记忆。

问：您多大了？叫什么名字？

答：叫沈怡质，91 岁。

问：您什么时候开始烧窑的？

答：十几岁开始烧窑的，跟着父母。

问：怎么会想去烧窑的？

答：因为自己沈家有窑墩的。

问：喜欢烧窑吗？

答：喜欢烧窑，烧窑不苦。工作是辛苦的，但因为自己喜欢，也烧得好（所以不觉得苦）。我 27 岁进窑厂，在（国营）窑厂里待了 30 年，收入还可以。一是自己喜欢，二是技术好，别人尊重你。我有好多个学生，最好的学生是吴家荣，黎明村的，他去年过世了。

问：烧窑过程中有什么开心的事情吗？

答：窑厂里洋瓦烧出卖给上海房地产局。一年工夫，烧几百万张洋瓦，和上海房地产局订合同，烧出来全卖给他们。

问：您是国营厂里烧窑的工人咯？

答：是的。

问：您是怎么慢慢熟悉烧窑技术的？

答：跟着师傅，慢慢学起来。马上学会是不可能的，经过多年的时间练出来的。

问：烧窑最重要的技术是什么？

答：看火头。火头大，要烧过头，不行。火头没到劲儿，也不行。窑里的火要均匀，如果烧到上面老掉，下面生掉，都不行。

问：如果烧得不好，师傅会批评您吗？

答：烧不好的时候挺少的，师傅会教我的。师傅脾气也好，他是本地人，吃窑饭的。当时整个干窑有100多只窑墩，上百年历史，都是编号的，现在的沈家窑是19号、20号窑。

问：您的师傅教您教了多长时间？

答：师傅教的时间短。当时夜里三个人烧，白天两个人烧。自家的窑，从小我就在烧。我20岁的时候，师傅当时在我家沈家窑那两只窑墩烧窑，边烧边教我。

问：当时沈家窑是烧什么砖头的？

答：沈家窑（什么砖头）都烧的，小瓦、洋瓦、京砖我都烧过。

问：烧京砖和烧小瓦、洋瓦有什么区别吗？

答：烧京砖的火要更旺，烧小瓦的火要薄一点，烧的位置很重要，京砖最中间的地方最吃火。

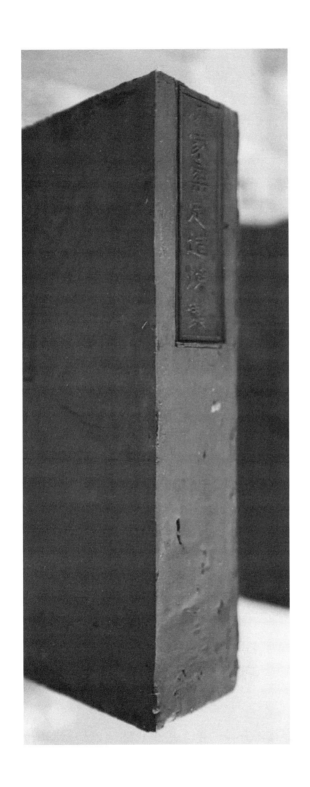

图10 京砖模印
（金身强摄）。

问：烧的柴有讲究吗？

答：开始以烧稻柴为主，后面（改）烧煤了。用桑树作材料时，没烧过。后来烧煤省力。

问：土窑一窑可以烧多少砖？

答：沈家窑能烧85砖，八九万的量，是花式烧法，有京砖、小瓦、85砖，混烧，不是烧一种。后来烧洋瓦，一个墨色的可以统烧。还烧筷筒、窑轿，屋尖上的簸箕也有，烧的东西蛮多的。这些我只负责烧窑，有其他人负责做簸箕或者窑轿。做坯也是有专人的。装窑有装窑的人，烧窑有烧窑的人，放水有放水的人，术业有专攻。

问：京砖上面都有字，字是怎么弄上去的？

答：模子里印字，泥放进去就有印子。

问：烧窑多长时间能烧成？

答：以前烧稻柴需要5~6天，时间比较短。现在烧木屑时间长得很，要近10天。烧稻柴最快，烧煤比烧木屑快，但比烧稻柴慢一点。

问：混烧的时候，砖瓦分别摆在什么位置？

答：烧京砖，京砖放在中间，放在整个高度的中间，上面放比京砖小的砖，下面放85砖。京砖不是从底装到顶。

问：您的徒弟是怎么介绍过来的？

答：徒弟是别人推荐的。小青年没有工作，想拜师烧窑。

问：您大概收了多少徒弟？

答：有四五个徒弟。最早的徒弟是我在窑厂里收的，（一九）六几年开始收的。最早收的徒弟是吴家荣和许根法。

现在还在烧窑的徒弟已经没有了，最早的轮窑基本都拆完了，没人做了。

问：烧窑时一般吃什么？

答：最开始土窑里面，老板烧什么我们吃什么，吃得挺好的，平时有鱼肉，打紧火时吃得最好，叫吃"紧火肉"。打紧火就是用小火排潮后，真正开始烧了，需要打紧火。紧火需要窑工更用力，所以要吃好一点的。平时小菜也挺好的。

问：烧窑几十年，您印象最深的事情是什么？

答：1958年，新中国成立初期，工作挺难找，能进窑厂，我挺开心的。

问：刚进窑厂时工资多少？

答：几十块一个月，算是高工资。

问：和您夫人是怎么认识的？

答：窑厂里隔壁人家介绍的，她家是洪溪的。我在窑厂里待到60岁退休，后来到嘉兴高照的砖瓦厂做师傅做了三年。当时500块一个月，30年前，也算是高收入。

问：装窑师傅和烧窑师傅哪个待遇更高？

答：出窑、装窑、烧窑工资都是一样的。进窑厂分大伙和二伙。新中国成立前，我们工资按"米"计算，出窑也好，装窑也好，烧窑也好，一天工资都是36斤米。通货膨胀时期，米是最值钱的，米价一直在涨，一天一价。

问：这个米"工资"您拿到过吗？

答：最开始烧的时候拿到过。

问：您一天拿36斤米，吃不掉的话卖掉吗？

答：当时按米价去折价换钱拿工资，米价今天可能2块一斤，明天就3块一斤了。一天赚来的米，够一家人吃一星期的。所以当时生活挺好的。

问：烧窑之后还种田吗？

答：窑工种田的很少。农村里做坯的，农忙时不做，田种好了再做。

问：泥有什么讲究？

答：要好的泥，就要掘下面的，上面的不行。黑泥不行。

问：踩泥也有讲究的是吗？

答：有讲究，要把泥踩得有韧性，要踩熟，边翻边踩。像做面条一样。进窑厂后机械化（拌泥）了，最开始都是纯人工的，靠脚踩。

问：窑神您知道吗？是不是开工前要祭拜？

答：开工前，在家里请窑神（瓦将军之类的），买块肉，点上香烛，搞点仪式。窑神没有统一的原型，就是一个形象，每户人家习俗不完全一样的。沈家窑的窑神放在陈列室里。

……

当被问到："小时候做泥快乐吗？"沈步云回答说："我现在还在做，等一下你可以去看，我做花边点水。做这种内心挺开心的。现在他们做模具遇到问题，都来问我。他们做得不对，我就教他们做。"

一辈子做好一件事。和沈怡质相似的是，沈步云的一生窑忆，也是带着挚爱的甜味。但这两种甜味，又是不同的。沈怡质的，是纯粹市井味的，里里外外浸透着老百姓做生活、

图 11　踩泥场景
（韩李乐摄）。

谋营生的追求和幸福。而沈步云的甜，是带着保护和传承的责任心和恒心的，也掺杂着苦辣酸咸的人生况味。

时针回拨到 20 世纪六七十年代，踏实肯吃苦又头脑灵活的沈步云，在被集体收去的沈家窑继续干了一阵子，虽然收入也还不错，但从窑主人到窑场师傅的身份转变，让他总觉得别扭不踏实。"文革"后他找准机会，叫上一批曾经的窑工承包了一支建筑队，做得风生水起。但每次回到老屋，看到祖上传下来的窑，被别人承包着，就觉得心痛。"这本来是我们沈家一辈人共有的。以前干窑镇上的窑墩一半是我们沈家的，十八个廊棚，都是我们的。南马桥那里有几个，这里西面还有一个。"往日的辉煌如烟散去。

2000 年底，听到村里要把沈家窑卖掉的消息，沈步云便下决心一定要买下来。当时买窑加修窑总共需要 48 万元，老沈端出家底也不够，为此东拼西凑，最终让 19 号、20 号窑重新姓了沈，沈步云的"沈"。

窑回来了，每年烧 100 万张平瓦。刚开始生意还马马虎虎，但后面就越来越难卖掉。"烧平瓦比烧京砖要苦，烧出去的平瓦一定要黑的，不黑卖不掉，苦得很。"沈步云一连用了两个"苦"来形容刚接手沈家窑的时候。

"后来开始烧京砖，生意就好了。像做窗台，我们现在用大理石了，但外面的很多地方都用京砖做，京砖环保。还有像做凳子，做砖雕，广州那些地方用京砖的比较多，他们都从这里采购。"

沈步云从小跟着妈妈、舅舅、父亲学会的京砖制作、烧

图 12　沈家窑窑主沈刚（金身强摄）。

制技能，这时候派上了大用场。"烧平瓦，吃火大，容易走样，一走样就卖不掉了。但京砖能够吃火，烧起来就不要紧了。京砖生意更好做，现在销路也大。"因仿古建筑业的发展，干窑出产的京砖及各类砖瓦制品走俏，甚至处于供不应求的状态。

沈家窑的烧窑技艺世代相袭，新中国成立以前以制作干窑著名的京砖为主，附带生产各类瓦当、小瓦等，又因生产以沈家为名的"沈永茂"定造京砖，名声在外。

儿子沈刚的主动加入，更是让老沈信心倍增。沈刚除了学习京砖烧制技艺外，更多的是联系全国各地的买家，排定进货和出场的时间。在办公室里，沈刚用电脑和手机来工作，他的朋友圈里基本都是全国各大媒体对沈家窑的采访报道。他热衷于窑业文化，注册了"沈家窑"京砖品牌，积极做好宣传，扩大知名度，订单不断，各种规格的京砖，销往全国各地，大部分用于园林仿古建筑、寺庙和现代特种装饰等。慢慢地，能够生产正宗手工京砖的，在嘉善也就只有沈家了。

"孩子自己学的，现在我就只是技术指导，技术上管理一下。别的事都不管了，都交代给他了。"说起很令人放心的儿子沈刚，沈步云满脸笑意。

从产业到遗存

父亲沈步云有精湛的技艺，儿子有着现代的经营理念。作为产业的沈家窑，很快就找到了新的经营路子，产业发展蒸蒸日上。

沈家窑是一只"和合窑"，窑门前设窑屋，供贮藏燃料、泥坯和窑工临时休息。外有窑场，是垒货用的。由两座背靠背相挤在一起的窑墩组成，虽各有单独的烟囱和火门，但合用砖梯，亲密得像传说中的和合二仙，所以被称为"和合窑"。

沈刚对沈家窑进行机械化技改，从制作泥坯到最后的打磨，手工技艺慢慢地升级，踏泥、做坯等环节都已机械化了，工艺越来越先进。装窑环节一大半也已机械化了。原来装窑要三四十个人，现在只要 13 个人。老沈和儿子把省下来的人工费返回给剩下的工人，他们一天能领五六百元工钱。但做窑工毕竟是体力活、辛苦活，也是一个需要长久磨炼的技术活，年轻人不愿意学习，剩下的老窑工年纪越来越大。

从最开始全镇 300 多人的窑工队伍到现在只有 30 人左右

图 13　半机械化出窑（金身强摄）。

了，平均年龄都 60 多岁了。

　　父子俩都很着急。他们不约而同地把关注点转到了手艺的传承上。

　　同时，随着地方经济发展的转型升级，县里 2005 年就启动了对窑业的淘汰工作，全县 75 只土窑（除作为"窑文化"保留的 6 只外）和 7 只轮窑，全部被拆毁。

　　同年，作为"活"遗址，沈家窑被列入了浙江省第五批文物保护单位。2007 年，"京砖"烧制技艺被列入省级非物质文化遗产名录。2009 年，沈家窑被列入浙江省非物质文化遗产普查十大新发现。

　　"你看，那时候，没有钢筋水泥。这个窑，全是用泥和泥坏砌起来的。那个烟囱那么老高，也没用一丁点儿石灰、黄沙。"沈步云站在窑洞口，一遍遍地向前来参观或洽谈业务的人介绍老祖宗创造的"奇迹"，"这个窑已经300多年了，日复一日地窑火烧不倒它，风吹日晒雨淋，也没搞倒它"。

但如此"窑坚强"，也还是需要精心地保护和修复的。2009年下半年，这只"双子窑墩"窑体，出现了严重的变形凹陷，"可能随时会垮塌。"沈步云和儿子找来了最有经验的盘窑师傅会诊，结论是一定要大修一次。

测算了维修费用，是笔不菲的支出：10多万元。

花再多钱也要修，父子俩一致做了决定，请来了身怀绝技的盘窑师傅。2009年12月15日，沈家窑开始大修。

"2010年7月1日，孙新安砌完手中的最后一块砖，从沈家窑烟底部一个23厘米×86厘米的小口子钻出——沈家窑的'双子窑墩'终于整修完成，拥有200多年历史的文物得

图14 沈家窑被列为浙江省文物保护单位（金身强摄）。

以'重生'。"一直关注沈家窑变迁的著名摄影记者袁培德，拍摄并撰文记录了这一时刻，后来发表在中英文对照的《世界遗产》（2014 年第 3 期）杂志上。嘉兴当地的媒体也纷纷报道了这个古窑新生的故事。

接下来好消息不断：

2011 年，京砖烧制技艺项目保护传承单位——和合窑被列入浙江省非物质文化遗产生产性保护基地。

2018 年，京砖烧制技艺入选第一批浙江省传统工艺振兴目录。

2019 年，干窑镇入选浙江省非遗主题小镇。

2020 年，历经百余年窑火不熄的沈家窑，凭借着出色的工艺和深厚的历史文化积淀成为"建党百年砖"烧制单位。

"沈家窑长期从事平瓦、小瓦、青砖、方砖、旺砖、檐口滴水瓦、挂檐瓦、大桶瓦头、小桶瓦头、圆桶瓦头、小瓦头、凤凰角、二龙戏珠以及花古砖的烧制。形成烧制'一条龙'生产，选用品质优良的泥土为原料，经过设备搅拌打压后进入半成品库房自然晾干。其传统建材具有耐高温、耐腐蚀和百年不褪色的优点。"干窑文化馆的官方资料是这样描述沈家窑技艺的。

沈家世代传承保护的窑墩和技艺，成了文化遗产。有了政府的介入和指导，沈家父子更加大胆地迈上了文化传承的探索之路。而这样的道路能走下去的重要信念，就是让这个"活遗址"一直"活"下去。

2017 年，沈家窑迎来了又一次大修。作为省级文物，这次大修也惊动了省里的文保部门。领导和专家们上门来了解情况，指导大修方案。按照省级文物的修复流程，修复方案和工程都可以由相关部门和专家来做，沈家父子只要做好配合工作就好。但这是国家的宝贝，也是自己家的宝贝，做甩手掌柜怎么行。他们主动提出，制定大修方案。报经文保部门审核同意后，又在省级部门的专家库找来了最好的盘窑师傅，全身心地投入。其实，这些省级专家库的师傅，基本都是来自干窑和嘉善周边乡镇的。方案由专家把关，父子俩全程参与，这样"亲自下厨"，让父子俩身心俱疲，但亲自把控的安全感也让他们十分欣慰，古窑又一次"复活"了。

从产业到"活的遗存"，沈家窑历经"修炼"，完成了一次又一次更新。而干窑镇同样幸存下来的另一处"近代民族工业遗址"，却在时光的拍打中呈现出另一副模样。

位于干窑镇三仙路南侧，南临凤桐港，曾占地面积1000平方米的这座干窑，是老人口中的"陶家窑"，官方记载叫"陶新机制瓦厂遗址"。该遗址是嘉善最早有记载的民族工业，也是浙江省第一张国产平瓦的诞生地。

"别小看这一张平瓦，100年前，这结束了外国垄断中国平瓦市场的局面。"《嘉善县志》记载：民国7年（1918），干窑商民潘啸湖等人仿制"洋瓦"成功，筹集股本2万元，创建陶新机制瓦厂，投产后获利颇丰，继起者有泰山、生泰、华新等机制瓦厂，其平瓦质量均可与洋货相媲美。[1]该遗址现

1　嘉善县志编纂委员会编《嘉善县志》，上海三联书店，1995。

图 15 2017 年
沈家窑大修（周
志军摄）。

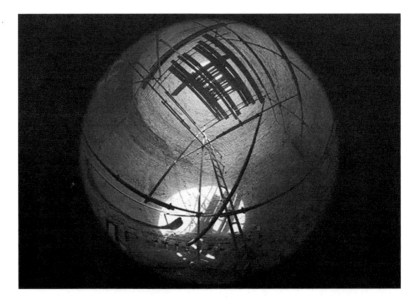

图 16　陶新砖瓦厂（陶新机制瓦厂）旧址（金天麟摄于 2005 年）。

图 17　陶新砖瓦厂生产"双马牌"机制平瓦（金身强藏）。

存运坯码头一座，有 9 个台阶，长 3.75 米，宽 4.1 米，是制坯车间所在地，外地运来的黏土在此制成平瓦坯后运到窑墩烧制。

陶新机制瓦厂曾经的荣光，与沈家窑不相上下，两者曾共同见证了"千瓦之都"干窑窑业的兴盛。如今，遗址上只剩一个河埠，在守望着新时代的窑乡。

最后的窑工

遗址，靠人去保护；技艺，同样靠人来传承。

沈家窑的两次大修，都是由嘉兴市级盘窑技艺代表性传承人孙新安师傅带队进行的。

2022 年 8 月，沈刚叫来了包括孙新安在内的一众老窑工。他们的从业时长、岁月在他们脸上留下的褶皱，似乎都在述说着窑的各种技艺，真的是"老手艺"了。10 年前，在媒体的报道中，他们就被称作"最后的窑工"。10 年过去了，他们仍然顶着"最后的窑工"称号，用一辈子练出来的"绝活"，坚守在窑场，撑起窑业的今天和那若有若无的明天。他们对笔者进行的讲述，就像一场集体怀旧，浸透着一代窑工的辛苦奔忙，以及幸福辉煌。

图 18　盘窑师傅
孙新安（金身强
摄于 2022 年）。

"天下第一刀"

孙新安，嘉兴市级盘窑技艺代表性传承人，67 岁。

"建造砖窑俗称盘窑。盘窑师傅也负责修窑。我 16 岁跟着父亲学盘窑，父亲跟着爷爷学的，我们这是祖传的。我家祖上都是远近闻名的修窑师傅，好多人叫我们'天下第一刀'（不好意思地笑了），传到我这里算是第三代了。

"盘窑是个技术活，现在也算是个'绝活'。有的人做一世也做不出名堂，有的人做两三年就行了。这是个动手的生计，但更重要的是要动脑筋。我跟着老爸学，他全心全意地教，我认认真真地学，两三年就出师了，之后就跟着父亲，四处给人盘窑，上海、无锡、镇江、南京、安徽、贵州、甘肃——南南北北，打一枪换一个地方。我们去过很多地方，一年四季在外面。2013 年至 2015 年，我还到过乌兹别克斯坦，给那里盘了轮窑，让外国人也见识了中国的绝活。（笑）

"以前跟着父亲学的是盘土窑，后来我又拜了个师傅，是同村盘轮窑的，技术上就比较全面了，柿子窑（北京窑）、方窑和轮窑等，都能盘得好。

"我们做的窑，基本上都与和合窑是一类，三个窑四个窑墩放一起。以前做一个窑，四个人做一个礼拜，顶多十几天。现在做慢了，技术要求越来越高，熟练的工人也越来越少。盘窑，不像你们读书，有书本可以看。我们都是靠'手感'。我们砌的窑是没有梁也没有柱子的。一不用任何支架，二不用任何黏合材料，三没有复杂的专用设备，靠的就是我们手里的泥刀，一块砖一块砖地堆起来的，一座普通大小的窑，一般要用好几万块砖。

"砖要一块块平整堆叠，铺一层撒一层'红土'，'内胆'则要刷上泥水固定。盘窑的具体工序，包括盘窑八字、内外烟圈、八字结顶等盘窑门口的工序，也有盘窑墩内壳、火膛和烟囱等工序，这个很复杂，我嘴巴讲不清。

"嘉善砖瓦窑，有土窑、轮窑、隧道窑，功能上有区别。根据造型不同，又可分为竹管窑、柿子窑等。不管什么窑，我们盘窑的都知道，构造和原理基本差不多的。

"嘉善土窑，基本都是'柿子窑'或'蛋壳窑'，窑壳两头小中间大，像柿子，或者像竖着的鸡蛋。这种土窑的一大特色，是砌窑八字时，用斜角砌法，既牢固又美观。

"在新中国成立前，嘉善全县也只有五六十人掌握盘窑技艺，如今，即便是在国内，盘窑师傅也已经很少了。老一辈盘窑师傅年纪都太大了，体力不行了，记性也差了。'窑里一膛火，老来无结果'。现在，我们老了，成了'吃老米饭'的人。手艺也老了，年轻人都不愿意来学习了。（摇头）

"这也不能怪年轻人。如果真来学这个，要喝西北风了。这个技术，工序复杂、难度高，做一两次也学不会。现在新做窑的很少，建好的窑十年八年才修一次，年轻人锻炼手艺的机会都没有，我们一年也只能接一两个盘窑的订单。

"我因为是盘窑技艺代表性传承人，所以省里的非遗网站上有我的介绍和电话。外地需要盘窑的，通过网站的信息，可以联系到我。

"10年前，我们在江西景德镇盘过窑，那里的老板很满意，说比起当地人自己盘的窑，我们这个窑容量大，装得多，好烧，成品率也高。今年，那里有一个要建新窑的，老板就把我们介绍过去干活了。

"在景德镇一个水库那边，我们两个盘窑师傅，建了4个窑，花了一个月时间，2万多元工钱，差不多一个人1000元一天。没有这个价钱，没人愿意做的。另外还有中工、小工、材料费，老板花了10多万元。

"我盘了60年的窑，估计有四五百个，现在大部分被拆了。留下来的窑，要时不时维修。一般十年一大修。2015年回国后，我修过很多窑。他们沈家（朝沈刚点头）的和合窑大修，我是带队的。

"这是有300年历史的'活遗址'，维修工艺的好坏更是直接影响到窑的使用寿命。开始的日子是2017年4月5日，我记得。砌窑过程中不用尺，用砖头的块数、人的身高作宽度和高度的标记，全凭目测、手感。

"我们的盘窑技术，以前都是传子不传徒的。所以我爷爷和父亲都是没有其他徒弟的。到我这里不一样了，儿子不学了，技能不能带到下辈子去。后来我就收了几个徒弟，有孙华庭、孙永兴、俞跃进。虽说他们的岁数也不小了，但能多教一个，就多一个传下去的希望。"

抱团致富盘窑队

王锦其，盘窑师傅，59 岁。

"我是被迫学盘窑的。

"我父亲是技术很好的盘窑师傅，他当时认死理，技术不传外人，只传儿子。我有三个兄弟，本来学家传技术也轮不到我这个排行最小的。但是，我家老大有出息，做了村长，没空去窑场；老二生脚疾，走路不方便，干不了盘窑这种体力活；老三呢，倒是肯学，但是脑子笨，学得慢，学不到精髓。

"老父亲 44 岁生的我，1978 年我 17 岁，他已经 60 多岁了，再拖下去，就没有传人了。这样我跑不了了，被叫过去跟着学。

"在父亲手上学艺，肯定快的，不快不行呀，眼看着他老了，没想到这一学会，就干了一辈子。

"当时坚持下来，还有一个重要原因是手艺人能多赚钱，讨老婆容易。当时像我父亲有四个儿子，一般会有儿子去做上门女婿，因为造不起那么多房子。说亲的时候，人家听说

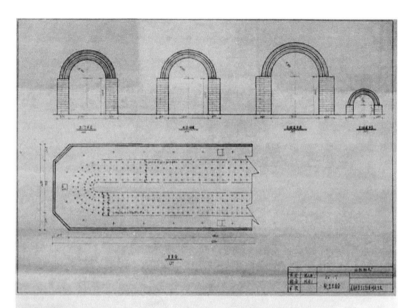

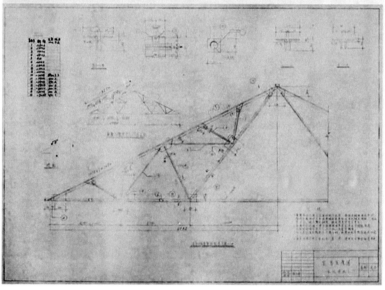

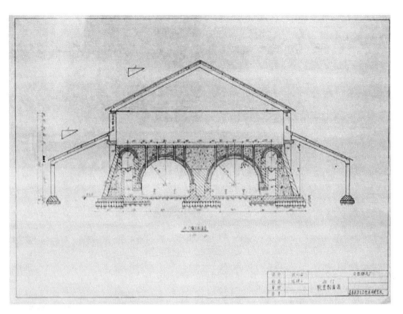

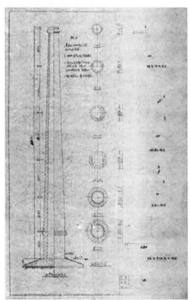

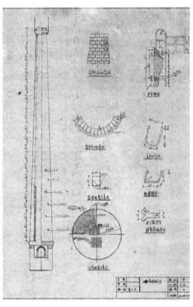

图 19 轮窑设计
图纸（全身强提
供）。

有这么多儿子的，一般也都会摇头，儿子多，负担重，肯定穷。但听说父亲是盘窑师傅，儿子也会盘窑，那肯定没问题的，说亲的人纷纷上门，我们对象有的挑（笑）。

"小青年的时候，我样子还不错的（做个双手抚脸的手势，得意地笑）。我父亲窑场认识了烧窑的杨师傅，杨师傅有个年龄相当的女儿。父辈两人一合计，就把亲事谈上了。门当户对的，姑娘看起来也不错。先买别人的旧房子，再造自己的小房子，小房子好了就讨了'小娘子'。

"我们天凝盘窑，第一代传承人是王桂生，第二代传承人是王富云，第三代传承人是王福根，我算第四代。以前盘窑师傅在选好的地上用脚步量尺寸，并用砖头与泥凭手工砌出来。烟囱砌好后，兜着走一圈，摇一摇，摇不动的，一定不会倒塌。盘窑不用图纸和尺子，全靠师傅的运算和经验，对技艺要求很高。但技艺再高，盘窑靠自己一个人干不行的，特别讲究团队精神。领队的师傅要培养自己人，组自己的团队，一般都是叫儿子、侄子这些亲近的人一起，这样有事情才能叫得应。把手下的人培养好了，有好的团队，修得好，名气就大，生意就好。以前我们村里就有个盘窑队，乡里也成立了盘窑社，就是为了这个抱团致富。盘窑师傅的收入绝对是那时候的白领收入，泥工两块多一天工钱，我们就几十块一天了。

"我们都是凭着祖传技艺，四处奔走，为各地的砖瓦厂盘窑。江浙沪、皖赣京、晋云贵……都去过。

"还有一点，盘窑的、装窑的、烧窑的，除了精通自己的技术，还要熟悉其他工序的技术要领，这样才能融会贯通，处理应对各种实际问题。

"现在 50 岁以下的没人干这个活了。时代不同了，我们这个泥刀，以前叫'天下第一刀'，现在不如切菜刀，跟厨师的刀差远了。

"但是保留下来这个窑，总是有用的。像洪溪观光窑四周，建起了窑文化广场。年轻人来看看逛逛，听听故事也是好的。"

装窑师傅开门收徒

盛雪根，装窑师傅，67岁。

"我17岁开始学装窑，一直做到现在。托这个手艺的福，我们自己家造了房子，现在在西塘也买了房子。

"装窑是跟着时代变的。最开始，附近的窑，都是生产小瓦的，我们装的自然都是小瓦。后来，大家生产平瓦了，我们就装平瓦。再后来，京砖流行起来，我们就装京砖。下甸庙以前有几百人的装窑队伍。

"别人都是跟着父亲学手艺的，我不是。我的父亲是烧窑的。我是跟着窑场一个姓盛的师傅学的装窑。刚开始我是没有工资的学徒工，装了四五个窑之后，就和另外一个学徒一起算一个人的工资。

"装窑，要等泥坯干透了。装窑时，砖坯与砖坯之间要留空，交叉叠放，既要让窑货受热充分均匀，又要稳定安全。烧出来的砖，要青灰色，烧得不好变红砖，很难卖掉。能不能烧好，和装窑技术关系很大，装不好，就很难烧好。

"装窑的，我们是大工，下面还有中工、小工。有些大工年纪大了，身体不好了，就不做了。大工的位置空出来，我就带中工做徒弟，教他们手艺，成为大师傅。他们跟我一样，都是种田农民。这样带他们上来，他们装一个窑，比起做中工，可以增加100多块的收入。以前很忙的，一年能有八九万元收入。

"我总共带过两个徒弟，第一个徒弟，6年前收的，叫王永生。第二个徒弟，4年前收的，叫夏永根。当时他们都是50岁左右，在窑工里算年轻的，也可以说是传承人、后人。他们京砖装得来，小瓦、平瓦装不来，现在的窑基本都不烧小瓦、平瓦了。"

沈家窑来了学徒工

钱炳香，烧窑师傅，60 岁。

"我家离这里很近，就前面马路过去没多远。我是外地人，以前是厂里上班的，烧窑手艺一年多前刚学的，是老沈（沈步云）亲自带的。

"烧窑需要有丰富的经验，老沈把他的经验都传授给我了，没什么保留，但一下子也不能全领会，还是要一边做一边积累。烧窑，不同阶段要用不同火，比如刚开始的前火，主要是除潮气。等砖坯烧红，就要用大紧火；烧得差不多了，换中紧火……这些老师傅都是靠经验判断的。

"你看，我们现在这一窑就已经烧好，里面的窑货成熟了，窑门已经关上了。但人还是不能闲着，半个小时到一个小时，就要爬到窑顶上，去看看放水的情况。这个放水也很讲究的，水不够，砖就可能是赤红色的。如果有水慢慢滴入窑内，窑内水火相互作用，过几天出货的时候，砖就是黑灰色的，是比较受欢迎的'青窑'。

"我学做这个，主要是离家近，收入也还可以。我们几个

图 20　沈家窑的工人（韩李乐摄）。

烧窑工6个小时一班，轮班倒，一班有五六百元的收入。以前我老婆也在这里做小工，后来带孙子，就不做了。

"最近高温，但和烧窑的热度比起来，不算什么。窑门口的温度估计有七八十（摄氏）度，去加一下柴，就要赶快逃出来。"

访谈进行到中午饭点，几个窑工们的故事才算勉强讲完，他们不无留恋地各自散去。67岁的孙新安，踩上自行车，飞也似的走远了。"再见，天下第一刀！"远远地飘来他依然中气十足的告别声，带着笑意。只是，这告别，不知道是和笔者说的呢，还是和"天下第一刀"说的。

窑业和窑工的黄金时代一去不复返了，但回忆起自己的一生"技忆"，他们的幸福感远远大于对未来的忧虑。毕竟，他们现在的幸福生活，甚至为子女留下的"家业"，就来自窑工生涯的不懈奋斗。

奋斗的一生是幸福的一生。如今他们留恋的，也许不只是窑场大师傅的荣耀，更多的是脚踩泥土的踏实感，大地散发出来的清新感，一窑一窑"金砖"出窑时的获得感。生活不就是这样脚踏实地一步一步走向前的吗？！

京砖传奇

其实让窑工、窑主们幸福感倍增的"金砖"，学名叫"京砖"，又叫"方砖"。

　　"以前这种又大又方的砖是建造京城用的，所以叫京砖，而砖形是方的，所以又叫方砖。因为传说中这种砖用于金銮殿，所以也叫金砖。还有一种说法，这种砖历史上专供皇宫，每块能卖一两黄金，因此有金砖之说。"说起京砖，干窑的很多老人都能绘声绘色地讲出几段故事，无论是传说还是现实，京砖都是很有传奇色彩的。总结一下，可以说京砖有"五大传奇"。

京砖传说

·———————————·

京砖传说的传奇色彩。京砖技艺传承人许金海等人都复述过民间流传的京砖传说,与《干窑镇志》[1]的记载基本一致:

京砖是从什么时候开始生产、使用的呢? 据考证,明代永乐年间,明成祖朱棣迁都北京,大兴土木,开始为营建北京城做准备工作。建造皇宫所需的砖,勒令由苏州等五府烧制。当时生产砖的陆墓御窑位于古城苏州东北的御窑村,御窑村原名余窑村。因余窑村土质优良、做工考究、烧制有方,所产砖特别细腻坚硬,"敲之有声、断之无孔",被永乐皇帝赐封为"御窑"。

传说早年有一个皇帝看中了干窑镇江泾村这一带地方,要建造一座京城。皇帝派出一个钦差大臣来到江泾督造皇宫。他招来许多窑工师傅,命令他们烧制皇宫金銮殿上用的砖。可是,窑工们烧出来的砖他都不满意。

---

1 《干窑镇志》编纂编委员会编《干窑镇志》,中华书局,2015。

钦差大怒，要处死窑工们。有个老窑工站出来说，请钦差息怒，不要处死窑工们，他能烧制出皇宫里用的砖。钦差限这位老窑工在三个月内必须烧制出金銮殿用的砖，否则一并处死。老窑工想，皇宫金銮殿上用的砖，一定是讲个气派，讲个特别，于是，老窑工凭着他几十年烧窑的经验，烧制出了一种规格特别大的方方正正的砖。钦差见了满心欢喜，就令窑工们日夜烧制。因为这种砖用于金銮殿，所以就叫金砖。后来，金砖造出来了，皇帝却被农民起义推翻了，江泾村上的皇宫也就没有造起来。但是，这种特别大的方砖却成为江泾村的特产，流传了下来。

烧制传奇

————●————

嘉善历史上关于京砖的烧制也曾有过不少传奇。

南宋建都临安时，宫城所用的砖瓦均来自干窑及周边地区。

明清两朝是干窑京砖的黄金时代。当京砖渐渐进入民间时，江南各地建筑都以使用干窑砖瓦为荣。

清朝初年，干窑所产之砖主要供京、苏、杭官府所用。

清顺治七年（1650），"干窑解砖瓦至省筑满城"。

清代中期，干窑成为中国建筑材料专业市镇和江南窑业中心。清末民初，干窑京砖迎来了又一个鼎盛时期，不仅生产的京砖和建材机械享誉大江南北，而且干窑镇的烧窑师傅也成为各地窑业争先聘请的"高手"。

明清两代，嘉善和干窑京砖还形成了许多著名品牌，如明代时有江泾村吕家的"明货"字号京砖、邵家和陆家的"定超"字号京砖、清代治本村沈家的"沈永茂"字号京砖。在今天的上海豫园内，保存有一块长达122厘米、重达400多公斤的被称为砖王的京砖，就是由邵家窑出品的。

夏四月昏山有盗

秋八月教谕钱金生任部行文台闸监九

月桃李海棠俱球华新进士七人大为民害

里谣为七虎

冬十七大雨豆

十一月徵来年新饷每亩三分十二月初

六推官韩充美行勘验水灾十三梅花里灾焚

七盗戮生员陆伏龙於潘家大漾

耦翘聦雅想建之妻四人

王卖药家焚死妻女四人

死女一人

除夕瓶山东灾焚

顺治七年庚寅

春正月朝枫汪北界桥灾

岁试诸生之告休者皆气试澄取入学时人谣

云雜宗师雞秀才公平交易

三月提学翟文贲

头银四十始此

夏四月干窑解砖瓦至省筑满州城 六月新

例折白粮之一半矼二

秋七月菌汪有大鱼螰八 十二知县刘肃之

图21 《武塘野史》"顺治七年庚寅夏四月干窑解砖瓦至省筑满[州]城"条书影（金身强藏）。

图 22　清代江泾
村明货京砖（金
身强摄）。

窑
火
凝
珍

千
窑
掬
匠
心
：
窑
工
实
录

图23 清代江泾
村明货京砖拓片
局部（金莹拓）。

图24 民国时
期浙善沈永茂定
造京砖拓片局部
（金莹拓）。

传奇工艺

━━━━━━◆━━━━━━

京砖的制作工艺之复杂，也可以说到了传奇的地步。

京砖制作工艺复杂而烦琐，需要经过选泥、练泥、制坯、装窑、烘干、焙烧、窨水、出窑等八道工序。每一道大的工序还包含很多道小工序，这些大大小小的工序加在一起，使得京砖的制作变成一件"奢侈"的事情。目前嘉善京砖烧制技艺被列入浙江省非物质文化遗产代表名录。

成功烧制一块京砖，要经过制坯、装窑、焙烧、窨水、出窑、后期加工等几道工序，每道工序都有很多的讲究，仅烧窑一项就分为五个阶段，即前火、大紧火、中紧火、小紧火、后囟火。烧窑师傅要掌握坯性、窑性、气候性和燃料性等"四性"及辨温、辨色、辨火、辨声、辨烟、辨灰煤、辨硝、掌闸等八大要素，适当用量，适时调节，才能烧出顶级京砖。出窑后的京砖还需用刨子、磨砖石等工具进行仔细的打磨抛光处理，一个熟练工人一天最多打磨一块京砖，其价堪比黄金，所以被称为"金砖"。

成品京砖造型四方工整，表面光洁如镜，具有良好的吸水排潮效果，踩之有金石之声，是建筑的极好材料。

京砖技艺"复活"

　　但是，有过这么辉煌历史的干窑金砖，曾经一度停产了数十年。后来在嘉善民间技艺人的努力下，京砖产业成功被"复活"，是一个传奇。

　　自二十世纪六七十年代开始，是平瓦盛行的年代，京砖因造价昂贵而"遇冷"停产，京砖的制作技艺也慢慢被淡忘。直到九十年代末，浙江嘉善干窑镇治本村沈家窑的窑主沈步云，通过多方调查研究，重新恢复了失落几十年的京砖生产。

　　"我从小就跟着父母亲踩泥、制坯、烧窑，基本上各个工种都会做。当时听说京砖技艺很少有人会了，我就琢磨能不能再把京砖做出来。"沈步云回忆起来，觉得自己当年花费大量的精力研究制作京砖，是一个多么明智的选择。"我查了很多资料，和很多老窑工聊天讨论，最终一步一步摸索，最终制作成功了。"

　　京砖技艺的"复活"，也给沈家窑带来了更广的市场和更多的客户，让沈家窑的窑火不熄，成为如今干窑的最后两座还"活着的遗址"。

此后沈家窑在京砖的研制上不断创新，留下了不少业界流传的"佳话"。

世界"京砖之王"

2009年8月26日傍晚，虽然已经华灯初上，但沈家窑（嘉善县干窑镇治本园林古建筑材料厂）里还是热闹非凡。现场来了不少电视台、报社的记者，端着"长枪短炮"，架起摄像机，看样子是要记录一个重要的时刻。

时针指向6时。"快出来了，快出来了。"围观的人群里有人喊道。果然，不一会儿，4名工人从窑墩里小心翼翼地抬出5块特大京砖。"这五块砖，每块107厘米见方，厚度为13厘米，重量则为350多公斤。这是迄今为止我们沈家窑出炉的最大京砖。"沈刚不无骄傲地向大家介绍，围观者都啧啧称奇。

沈刚早就听说上海豫园修复时的"京砖之王"是嘉善的窑工为其特别烧制的，长、宽各122厘米，厚16.5厘米，重达450公斤，堪称中国最大的一块京砖。接父亲的班成为沈家窑传人之后，他就一直琢磨着要研制出一个"巨大京砖"。最终在2008年，他下决心把这个想法变成现实。

沈刚把经验丰富的父亲和老窑工请到一起商讨。首先从选泥开始。大京砖无疑需要选取黏性、含铝量较高的泥土。选、冰、碾、浆、筛、晒……各个工序严格细致执行，然后制坯，因为是特制尺寸，所以模具也需要特制。

"模具好了之后，把京砖坯盒放在坯凳上，坯盒下面垫上托板，上面撒上毛灰，把泥块放进坯盒里，人站在上面踩踏，把泥踩得越结实越均匀越好。再用泥弓钩去多余的泥，用刮尺贴紧坯盒把泥刮平。然后打开木模，抽出托板，取出泥坯，把泥坯大头向上竖着放到平整后的坯场上，盖上两层草席，避免太阳直晒或雨淋，自然阴干。等泥坯发白后，拿掉草席，把泥坯晒到完全干透，等着装窑。"老窑工如数家珍地介绍着特大京砖的烧制过程，在场的记者笑言，"这么详细，像教科书一样"，另一位窑工抢着说："可不就是教科书，以前写镇志、县志的都是采访过我们的。"

烧制特大京砖肯定比烧制一般的京砖更耗时耗力，每一步都面临前所未有的问题，当然更离不开这些在窑场摸爬滚打了一辈子的老窑工。"我们从选泥、制坯，再到进窑就用了整整 7 个月时间，然后整个烧制过程又花去了 18 天时间。"沈刚回忆说，历尽艰辛、苦等近 8 个月，京砖终于可以出窑了，但是出窑当天又遇到了新问题。

"本来，这批京砖是前一天下午要出窑的，在出窑的过程中遇到了困难。因为砖的尺寸很大，重量有 350 公斤，所以一般的砖不能比，出窑的时候可能会卡住，硬搬则会损伤窑墩。同时重量太大，要好几个人合力才能抬动，窑洞又站不下几个人。"沈刚说，大家想了很多办法，但都觉得不理想。

直到第二天傍晚，几名工人终于想到办法并顺利将几块京砖抬了出来，也保证了整个窑墩的安全。

沈刚说："烧制这块京砖是为了证明沈家窑不只是一座古窑，而且还能创新。"为了能不断地创新、前行，沈刚来不及沉浸在喜悦中，就开始查找问题、吸取经验教训了。

进窑的大京砖有8块，最后烧制成功的只有5块，其余3块都出现了问题："即便只是有一点瑕疵，也是要被淘汰的，京砖的要求就是这么高。"沈刚和几位老师傅会诊了一下，大家觉得是前段时间老是阴天下雨，"晾晒条件不是最理想。砖坯晾晒不充分的话，烧制之后就容易出现爆裂等问题。"

还有一个问题是尺寸缩水。烧制前，土坯为113厘米见方，厚度为15厘米，重达450多公斤，出窑时107厘米见方，厚度为13厘米，重量则为350多公斤。"尺寸缩水是正常的，但这个缩水的幅度，为我们以后烧制大京砖提供了数据参考。"

"目前我们主要是积累经验，从现在的试制结果来看应该是达到了预期效果，明年将向'京砖之王'冲击，我们有信心打破这个纪录。"面对媒体，沈刚立下了"誓言"。

说到做到。2011年初，沈家窑再次烧制了与2009年同一类型的特大京砖，并且全部成功了，在积累了更多的宝贵经验后，沈刚便大胆冲击"京砖之王"。

2011年3月23日下午，沈家窑再次围满了记者和闻讯前来见证京砖奇迹的人们。"四块巨无霸京砖的成功出炉引起了不小的轰动，因为它改写了现有京砖的长、宽及重量的纪录，

图 25 沈家窑烧制的京砖（金身强摄）。

成为国内新的'京砖之王'……成功出炉的巨无霸京砖，除一块出现裂痕外，其余 3 块无论从品相还是色泽方面来看，都堪称京砖中的'上乘之作'。"《南湖晚报》这样记录了"京砖之王"出窑时激动人心的一刻，沈步云一直保留着这张报纸。

长与宽都是 137 厘米，厚约 13 厘米，重约 700 公斤……这样的"巨无霸"京砖，当然也是经过多次失败之后才成功的。

制坯就差不多用了一年时间，其间失败过 4 次，先后试制过 40 多块砖坯；尺寸大、重量大，搬进搬出是个大问题。从砖坯进窑到出窑花了近一个月的时间；原本打算烧制的 5 块"巨无霸"京砖在装窑时就破了一块；出窑的时候，也想了很多办法才成功——窑工从窑墩的天池部位悬下一条装有滑轮的链条，用来捆住紧靠着窑壁的大京砖，借助滑轮的原理，工人们顺势将其从窑床上抬下来，然后平稳地放置在窑

图 26　沈家窑产
品"书法京砖"
（金身强摄）。

口，再由几人合力将其慢慢地抬出窑墩。

"经过不断的试验，我们终于将'京砖之王'拿下了，没有砸了'京砖烧制产业基地'的招牌。"这次面对媒体，沈刚再也难掩激动，"烧制'巨无霸'京砖仍然是为了证明沈家窑不但是一座古窑，而且还在不断创新，接下来还将继续努力，尝试烧制出更多更好的京砖。"

沈刚再次说到做到。他和父亲、老窑工一起，不断烧制京砖新品种。比如，书法京砖——京砖经常用于书法，颇受书法界的好评和书法爱好者的喜欢。

比如，嘉兴新时代人文精神砖；又如，2021 年，沈家窑成功烧制了"建党百年砖"。这个有着特殊意义的特制砖，由

图 27 沈步云、沈刚在讨论"建党百年砖"烧制工艺（金身强摄）。

嘉兴籍著名古砖收藏家、非遗锦灰堆砖拓项目代表性传承人邵嘉平设计并创制，著名书法篆刻家、西泠印社副社长韩天衡题刻母砖，上海工艺美院制模。该砖将用于嘉兴火车站站房建设，共有两种制式，一种是青砖，另一种是红砖，嘉兴火车站是按照民国风格重建，将使用 21 万块砖，红砖将用 1921 块，青砖将用 2021 块，分别寓意中国共产党 1921 年成立、2021 年建党百年。

"每个人心里都有那么一亩田，就看你要用来种什么。"沈步云和沈刚父子心里的那一亩田，无疑都用来"种砖头"了，而他们发自内心的挚爱和信念，证明"砖头也是能开花的"。

如今，嘉善京砖烧制技艺已被列入浙江省第三批省级非物质文化遗产名录，并成为省十大"非遗"普查新发现之一。这为京砖烧制技艺的传承和保护提供了良好契机，"对烧制技艺的充分肯定激发了我们的豪情壮志。"作为浙江非物质文化京砖技艺第六代传承人，沈刚一直在传承创新的路上努力延续着京砖的新时代传奇。

下篇　不熄的窑火

梁漱溟先生说："我们是一个适用于未来文明的文化。"

当时间的河流洗尽铅华，一种曾经勃兴的技艺和经济形态必然会走向衰落，但沉淀下来的人文记忆会成为植根于血脉的文化胎记，犹如那一炉不熄的窑火，升腾摇曳，焕发不可磨灭的人文精神。

失落的，可能是技艺；唤醒的，是文化与文明。

窑乡传人

久违的仪式感

2009 年 10 月 26 日，干窑村治本乌桥头沈家窑窑场，又是人头攒动的一天。这次的气氛明显不同，庄严、肃穆，带着神秘的色彩。

窑工烧窑点火前都要敬窑神。但随着窑业的衰微，这样正式隆重的点火仪式已经很久不见了。这次中国·干窑江南窑文化节开幕，特意请来老窑工们，还原了这一庄重的"敬窑神、祭六眼"窑文化民俗仪式。

只见几名身穿装窑服的装窑师傅，搬来由几块土坯垒成的方桌。接着，几名窑工捧来鲁班砖雕像供上，"为了表明对窑神的敬重，这几个窑工是最德高望重的。"

"请窑神！"随着主祭人一声令下，一名老窑工手捧"窑神"从窑墩里走出，紧随其后的两名老窑工则手持红色对联，其中上联为"乌泥变宝玉"，下联是"窑门出黄金"。

"供台上一般放一个猪头、一只鸡、一条鱼等供品，俗称'六眼'。鱼是活的，象征'活灵活现'。供品共有'六只眼'，土窑其实也有'六只眼'——窑门、烟囱、顶部加水处、观火洞和窑底两个洞。"沈步云介绍道。

为了这次点火仪式忙碌了大半个月的沈刚，早已把祭窑仪式的步骤和风俗掌握得一清二楚，一切都是按照古老的民俗记载"完美复刻"。

"六眼通，窑火旺，周时短……"所有窑工都跟着老窑工念词祈祷，叩拜窑神。

接着是进窑点火。"喝点火酒！"窑工们齐声高喊。喝过酒，只见"大伙"（烧窑工）手持稻草扎成的火把，神情庄重地走进去，进窑点火。

"轰"的一下，火焰在窑炉里熊熊燃烧起来，同时点燃的也是窑户和窑工们对生活的希望。

除了点火仪式外，现场还展示了瓦当制作和京砖坯制作的传统技艺。这让在场的人仿佛穿越历史长河，进入了古朴的窑工生产场景，沉浸式的体验了一回窑工生产习俗的神秘和刺激。从此窑文化的火种深深地留在记忆中，时不时跳动着，展露出传统文化不灭的希望，留下心灵的震撼。

"这样的点火仪式，后来又做过两次，过程很累人，但很值得。"虽是十几年前的场景，但沈刚的脑海里总是浮现那仪式上烈焰燃起的一刻，至今胸中激荡着信心和希望，"以后会有以后的路，只要这火种不熄灭，只要有人愿意坚持下去，窑文化一定会有方式传承下去。"

那烈焰，点燃的是精神，飞扬的是灵魂，澎湃的是力量。

窑火不停熄

窑火不停熄，文化有传人。

想尽一切办法，把窑烧下去，把砖卖出去。这是沈步云、沈刚父子一直为之努力的目标，这不仅是"生意"，也是让"活遗址"活下去的基础。"只有窑烟从烟囱吐泄，烈焰在窑膛燃烧，和合窑才是一座'活'的窑文化展示场所。"这是他们一直坚持的信念。

2022年8月，40摄氏度左右的高温天，沈步云和沈刚几乎天天守在窑场，空闲时，一个人喜欢坐在房廊下抽烟、若有所思，一个人习惯坐在十几平方米的侧房里通过手机联系业务。房间里是没有空调的，父子俩常常汗流浃背。

"这里是故意不装空调的。装了空调，人就变懒了，不想出门跑窑场了。烧窑的整个过程都是要人时时去查看的。"沈刚说，今年窑场出现了"一冷一热"。

冷的是，受新冠疫情影响，砖不好卖。本来签好合同的好几个老客户都打来电话说，因为古城古街停工，暂时不需要供货了。但沈刚和父亲一致决定，沈家窑继续烧，每月三

图 28 "不熄的窑火"名师工作室体验区内景（金身强摄）。

窑，照常运转，"烧出来先放着，总归会有需要的地方。窑火不能停"。

生意冷清，但窑场却变得异常热闹。沈刚每天都忙着接待各地来的参观者，有体验传统技艺的学生社团，有记录美好时刻的非遗摄影爱好者，有来"取经"的文旅官员，有各大媒体的记者，也有慕名而来的家庭组合。无论什么人来，沈刚和父亲都会热情接待。接待员、解说员、非遗体验指导员——沈刚身兼数职，有时一天接待好几拨人，午饭都没时间吃。

沈刚明白，窑场的热闹，源于文化的吸引力。在沈家窑窑墩的后面，藏着一个"不熄的窑火"名师工作室，也叫非遗馆，坐镇的名师是沈步云，但忙前忙后提供服务的是沈刚。该馆总占地面积 300 余平方米，集窑文化体验教室、作品展示厅、窑文化成果展示等多种功能于一体。在展陈区，参观者可以领略非遗传承活态遗址；在体验区，人们可以动手制作砖砚，通过"玩"中"学"、"学"中"玩"，了解窑文化，触摸非遗，体会非遗内涵，一站式体验窑文化魅力，培养艺

窑火凝珍
千窑掬匠心：窑工实录

图 29 "不熄的窑火"名师工作室京砖陈列（韩李乐摄）。

图 30 "不熄的窑火"名师工作室手工坊（韩李乐摄）。

图31 夕阳下的
"不熄的窑火"
名师工作室（韩
李乐摄）。

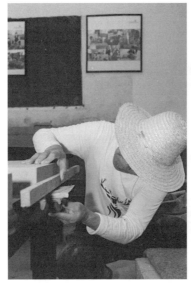

图 32 沈步云在 "不熄的窑火" 名师工作室（韩李乐摄）。

图 33 "不熄的窑火" 名师工作室外景（金身强摄）。

术人文修养。

为了让展示更形象、体验更真切，沈刚花费了很多的心思。他收集了很多图片、媒体报道、介绍窑文化的书，放在展示区。为了让体验区更加吸引人，他和父亲制作了好几代模具。讲解词，脑袋里装了好几个版本，针对不同的人群有不同的版本。

浙江省非物质文化遗产生产性保护示范基地、第一批嘉兴市非物质文化遗产产业基地京砖烧制基地、嘉兴市非物质文化遗产展示体验中心、嘉善县非物质文化遗产生产性保护基地、嘉善县科普教育基地、红色印记初心寻访点、嘉善县十大乡村文旅产品、嘉善县干窑中学"窑文化"传承教育实践基地……沈家窑场房子的墙上，十几块大小各异的匾额，每一块都是耀眼的，也都是沉甸甸的。

"以经济之瓦釜，铸文化之黄钟。"父子俩一个是省级非遗项目京砖技艺的第五代传承人，一个是第六代传承人，左肩是产业，右肩是文脉，朴实的父子同怀挚爱，齐心合力，努力挑起的是传承窑文化的担子。

沈家窑的窑工，平均年龄60多岁了。尽管包括沈步云在内的每个老师傅都愿意打破"传子不传徒"的家规旧俗，把一辈子积累的技艺传授他人，但至今依然没有50岁以下的传人。等这一批人都老了、干不动了，窑怎么办呢？面对这样的问题，老窑工们都摇头叹息，但沈家父子却表现得很坦然。

"以后，也许可以专做窑文化的开发展示。政府已经做好了规划，这里要建一个窑文化博物馆。"沈刚带笔者爬过53

图34 "不熄的窑火"名师工作室内景（金身强摄）。

级台阶，站到高高的窑顶上，指着前面的一块空地，畅想着以后会有更大批的参观者纷至沓来，而自己则由干窑沈家窑园林古建筑材料厂总经理转型成窑文化博物馆的文化工作者。

窑炉内，火焰翻卷，四起的星火在坯上留下炙烤的痕迹，这样的画面让父子二人最为"痴迷"。头顶上，风起云涌，四散的白云在蓝天上舞出自由的曲线，这样的画面也让沈刚尤为动容。

天空，遗落一声雁鸣。坚守，是他们的诗和远方。

京砖技艺 "同道人"

————————————————

　　当历史沉淀为文化，时光的背面也许是湮没，但文化让一炉窑火有了情怀、有了灵魂。

　　干窑，在嘉善，有一群赤诚的守护者，如沈家父子一样，向"千窑千瓦"挖灵魂，挖窑文化的精神，是为窑文化"传神"的人。

　　父亲曾是窑工，从小在窑厂长大，对京砖有特殊的情感，同一年被评为京砖烧制技艺省级传承人，嘉善县天凝镇三发村人许金海和干窑镇的沈步云，成长经历相似度非常之高。在京砖技艺传承的道路上，他俩是"队友"。

　　许金海25岁时就成了大队砖窑负责人，并在1969年成立了天凝公社窑业组，管理6座砖窑。当时烧制的多为平瓦、板瓦等民用建筑砖瓦，技术含量不高。1983年，周庄沈厅修复工程为坚持修旧如旧原则，寻找能够生产传统京砖的窑口和师傅。他们来到嘉善，找到了时任嘉善县古典建筑砖瓦厂厂长许金海。许金海挨家挨户探访老窑工，找到京砖烧制的砖模，并按照传统的技艺成功复刻了京砖。

图 35 上海豫园修复时的"京砖之王"铭文面（张伟藏、金身强摄）。

图 36 媒体采访上海豫园修复时"京砖之王"烧制者许金海（张伟提供）。

图 37　许金海介绍中共一大会址修缮用砖烧制过程（金身强摄）。

1989 年 10 月，上海城隍庙修复时，许金海费时两年，烧制了当时国内最大的一块京砖，长宽均为 122 厘米，厚 16.5 厘米，重 450 公斤。许金海烧制的京砖销往全国各地，包括镇江金山寺、上海大观园、玉佛寺、豫园、松江方塔、西林塔、杭州岳坟、绍兴塔山大殿、新昌大佛寺、扬州八怪纪念馆、吴镇故居梅花庵、昆明楠园、上海中共一大纪念馆、张闻天故居等名胜古迹。

20 多年之后的 2013 年，接手了沈家窑的沈步云和儿子沈刚，为了展现干窑本地延续百年的烧窑制砖技艺，经过数年的经验积累，烧制出了更大的"京砖之王"，规格为 137 厘米 × 137 厘米，厚度 13 厘米，每块砖坯重达 700 公斤，相当于一辆中型轿车的重量。

这时候，包括许金海经营的京砖土窑在内的几十家土窑被拆除，其已经从窑业的经营行当"退休"了。但人退心不退，他仍然怀着对京砖的热爱，做非遗义务讲解员，呼吁保护窑文化。在 2008 年奥运火炬传递到嘉兴南湖时，他决定专门制作一些奥运小京砖，为北京奥运留下纪念。由于大批量生产的需要，在京砖的制作过程中也会使用机器，这使得京砖技艺的一些工序失去了传统的韵味。为此，许金海在整个制坯过程中完全纯手工，"选好泥后我自己用脚踩，然后再进行制坯"。

之所以这么做，也是源于他内心对传统技艺和文化的热爱。在制作京砖的过程中，他接触了很多古建筑材料，发现了已经失传的蠡壳窗。老技工的钻劲又出来了，经过几年摸

图 38 许金海制作的蠡壳窗和蠡壳灯（金身强摄）。

索，许金海制成了一扇蠡壳窗，"复活"了这门技艺，"填补了一项空白"，得到了古城保护专家、同济大学建筑城规学院教授阮仪三的认可和上海市文管会、浙江省文物局的专家们的高度评价。

一砖一瓦总关情

　　总是被自己的热爱"困"住，深受窑文化熏陶的董纪法也是这样的。他痴迷于收藏瓦当、京砖、砖雕，"四十载守护三千窑瓦承匠心"，他更是窑文化的传承者和保护者。

　　瓦当俗称瓦头，是古建筑上筒瓦的挡头；上面的为"瓦"，下面的为"当"。"出头椽子先烂"，瓦当的作用就在于保护屋檐，不让椽子烂掉，同时也能美化屋檐。干窑镇曾经盛产瓦当，建于唐末宋初的嘉善泗洲塔下出土过干窑的瓦当，说明干窑的瓦当生产历史久远。干窑生产的瓦当造型各异，品种很多，古朴中透着多姿多彩。干窑瓦当销往全国各地，北京皇宫、杭州知味馆、山东曲阜、无锡园林等都使用过干窑瓦当。

　　透过"沉睡"的一砖一瓦，能窥探时代世事的变迁。仅仅读到"小学二年级第四课"的董纪法，靠着字典自学识字，醉心收藏后，一手翻县志，一手持砖瓦，自学成才，成为地方窑文化专家和地方文史专家。

　　"保护和传承地方文化，这个根不能断。"

图 39　屋檐上的瓦当（金身强摄）。

　　董纪法义务兼职干窑江南窑文化博物馆的讲解员；进村入校，讲述地方文史知识，呼吁大家关心、保护窑文化等优秀文化遗产。

　　"古迹最好的归宿是能被更多的人欣赏，而不是锁在私人的阁楼中。"

　　董纪法在西塘成立江南瓦当陈列馆，把中国制造的"第一张平瓦"等珍贵收藏品捐赠给嘉善县博物馆，自掏腰包办收藏展。

　　董纪法生前的藏品总量超过 3000 件，分别展于干窑镇文化中心三楼窑文化博物馆、西塘古镇的江南瓦当陈列馆、嘉善县档案馆等公共文化展厅……三千瓦当藏品，是一位古稀老人对窑文化、瓦当文化最长情的告白。

窑文化"教科书"

在嘉善干窑窑文化的传播历程上，还有一个经常被提起的名字——金天麟。嘉善县地方档案史料收藏研究会会长、嘉善县收藏家协会副会长、干窑窑文化传播者、嘉善县道德模范……众多头衔，是对这位江南历史与文化传播者最深情的加冕。

金天麟长期从事《嘉善文化》编辑和群众文学创作辅导工作。他在做好本职工作的同时，精心搜集、记录、整理了大量民间文艺资料并著书立说，出版了《群众文化民俗学研究》等20多部著作，其中研究、普及江南砖窑文化的专著《窑乡的文化记忆》，是2009年浙江省社科普及课题成果，由上海文艺出版社出版，至今仍是窑文化"教科书"级的存在。

金天麟在该书的后记里写道：

虽然，从保护耕地、保护环境、防止水土流失、调整产业结构等角度出发，嘉善的"土砖窑"一度被视为生产工艺落后和污染环境的产业，并相继被

图 40　金天麟像
（摘自《窑乡的
文化记忆》）。

图 41　《窑乡的
文化记忆》封面
（金身强提供）。

停产、拆除。

但是谁也不能否认干窑乃至整个嘉善的窑业对于苏、嘉、沪、杭经济建设的历史功绩，对于嘉善老百姓的历史功绩。

目前，仅剩下的极少数的窑墩的命运，也岌岌可危。砖窑业生产所孕育的民俗、信仰、故事，砖窑生产的各种技艺，如果再不加以保护，也将很快消失，而我们引以为豪的干窑"窑文化"也将彻底成为历史！所以进一步搜集与研究既有意义，更刻不容缓。

深感窑文化研究和普及意义的深远和重大，与病魔抗争着的他，依然深入田间调查研究传统民间文化，一边调查采风，积累研究资料，一边研究写作。从准备到著作出版，历时四年多时间，为抢救、保护窑文化留下了原始而珍贵的文字记录。

"一日勤劳可得一夜之安眠，一生勤劳可得一世之长眠。"这是金天麟的座右铭。

老窑工终归是要老去的。如果他们手上的技艺和窑场的记忆，随岁月的风吹散，什么痕迹都没留下，那么从古至今代代延续到此的一环，就断了。"他们不在了，我心灵的故乡也就真正没有了，我将成为真正流浪的孤儿。"

感谢金天麟用文字记录他们的故事，让窑乡的儿女世世代代都不会忘掉故乡的窑文化。

窑乡传承

"仿佛是一颗种子，大概是很多年前就已经埋下。那时见到《中国国家地理》干窑镇古窑的专题报道，图片中窑工的坚守、码放得如艺术品般的京砖、从古窑天井的窄口射下的微弱光线，一一被吸引。"

和嘉兴作家、古镇文化体验爱好者嫣然一样，有很多人是被网络和媒体上关于"千窑瓦都"的报道"种草"，前来赶赴"千窑之约"的。

"干窑，不只有古窑，我还会再来的。"在干窑镇上东游西荡了大半天，冲着古窑而来的嫣然，发现干窑留下的不只是几座窑墩，窑文化深烙在街头巷尾的肌理中。

图 42　从沈家窑内仰望天井的窑口。

图 43　嫣然在关皇桥上（韩李乐摄）。

窑火凝珍

千窑掬匠心：窑工实录

图 44　澜翠桥上的行人（韩李乐摄）。

廊棚船坞记忆

嫣然和朋友的干窑行是从叶新路沿南北走向的市河开始的。河两边茂密的香樟树似乎遮住了逝去的光阴，沿着河岸行走，看到岸边在水泥板上刷床单的妇人，有一种回到上个世纪的错觉。

顺着河东街向北，有着颇具特色的廊棚。"廊棚内半开的店门，中年阿姨睡眼惺忪地走了出来，身后是两张巨大的台球桌，令人想起每个小镇都有的不羁青年；两三个阿姨或坐或站着，中气十足地用方言聊着家常，或许因为空旷，那声音远远就能听到，走近时，坐着的阿姨正十指翻飞清理着一只肥硕的鸭子；阿姨们身后的水面上，横卧着一座古老的石板桥，古桥无声，仿若禅定的老僧；桥埃下的小商店，早早开了起来，躺椅上的男子和小店铺内外的居民，闲扯着，好不惬意。"嫣然用细腻的笔触记录下了早晨刚被唤醒的寂静老街。

干窑人自称"窑廊人"，其中"廊"的出处就是老街上的廊棚。廊棚位于干窑镇河东街 16~20 号，建于清代，2010 年

图 45 干窑古镇
的廊棚一角（韩
李乐摄）。

图 46 干窑古镇
的廊棚（韩李乐
摄）。

5 月被列为县级文物保护点。廊棚南北走向，尚存 24 米，是沿河店铺为方便路人雨天通行，自行连接各家屋顶而形成的，为江南水乡古镇一大建筑特色。

因水而兴，因窑而盛。静静的市河见证了窑业的辉煌，在干窑窑货最盛时，都是靠水路往外运送的。那时水面上总是停满了船，江南特色的船坞也吸引着南来北往的买砖人。而以窑业为生的千家万户，一边在廊棚旁守望往来的船只运送赖以生计的窑货，一边在廊棚下支起烟火的炉灶。家家户户的炊烟袅袅升起，与千窑的卤烟在天空汇聚，汇成凭一物兴一业的生机和富庶。

长生村让巷 12 号宅南，嘉善县兴善公路路旁，还保留着一座修建于清道光年间的钱氏船坞。船坞是在以水路为主要出行方式的时代存放私人交通船只的建筑物。就如现在有钱人买房子，一定要买一个车库。从前这里的有钱人造房子，一定要造一个船坞，用于停船。

"这个宅子，是当地首富钱仲樵建的，是浙江省内现存唯一正宗的清代船坞。目前，全国仅有三座这样的被列为文保单位的同类型建筑。另外两座分别为金山朱氏船坊和苏州俞家湾船坊。"干窑镇的文化干事介绍道，"2004 年钱氏船坞被列为县级文物保护单位。2010 年，干窑镇人民政府拿出十几万元，对这座破旧的钱氏船坞进行修缮。2011 年 1 月，被列为第六批浙江省文物保护单位。2018 年，嘉善县再出资，全面系统地修缮了钱氏船坞。"

远远望去，船坞坐东朝西，一半建筑体架于水上，风格

图 47 干窑古镇市河。

图 48 让巷钱氏船坞（金身强摄）。

上明清特色明显。走进去看，有四间，东首第一间砌着砖墙，据说是给船工住的。西面三间，供船停泊，可停五六条船。有内河埠及八字河埠各一座。整个建筑架构用了 11 根方形柱子架起。南侧石柱立在水中支撑，再在上面砌砖，北侧石柱立在驳岸边上，驳岸用花岗石错缝砌置。

关于首富钱氏发家的故事，干窑很多人都津津乐道。"他们以前就是烧窑的，窑址就是现在粮仓南面。""前些年钱氏窑还出土了海宁城砖，说明是做大工程的，肯定是烧窑起家的。""发了大财，钱家富得流油，但富而不抠，家风很正。据说钱家主人经常拿出钱来，修桥铺路，救济穷人。"

悠悠老街刻下深深的水乡、窑乡记忆，传递出浓郁的乡愁情怀。

图 49　让巷钱仲樵旧宅（金身强摄）。

图 50 老街（韩
李乐摄）。

两处遗址和一片瓦当

接下来嫣然的窑墩之旅是从位于河西街 5 号的沈家老宅切入的。

"天井阴凉，立有'河西街沈家宅'的文保碑，旁边栽了一棵枇杷树，有不少的年头了。屋虽老旧，但被收拾得很干净，女主人带领我们去二楼参观。攀木质狭窄楼梯，二楼亦收拾妥帖，有旧式家具和床具，最值得看的是头顶横梁的

图 51　河西街沈家宅。

雕刻，莲花、凤凰、仙鹤、芭蕉、如意等图案栩栩如生……"
嫣然笔下的中式沈家老宅主人，正是沈家窑窑主沈步云、沈
刚的同族人。

但她们先看的是戴家湾窑。走到善江公路近北环桥，隔
河便清晰可见对岸的几座"干窑大包子"。下了公路，沿着河
岸往里走去，会路过建于明万历年间、二十世纪五十年代重
建的北关桥。"南北方舟通万里，东西任辇乐千秋。"桥上阳
文楷书的楹联，读一读似乎就能望见当年舟楫繁忙、川流不
息的盛景。

再走进去就是戴家湾窑了。1920 年由实业家戴补斋兴
办，当时名为泰山砖瓦有限公司（泰山砖瓦厂），原占地 26
亩之广。嫣然和朋友很幸运，去的时候窑火还没熄，"只觉青
砖、古窑、明亮光线和白烟袅袅，组合成一张传统的墨色中
国画。"

图 52 沈家宅的
石碑。

图53 河东河西轮廓（韩李乐摄）。

图 54　戴家湾窑。

　　午后，他们拐上了黎明村河边的栈道，去那里看仅存的几座废弃的窑墩。那些窑墩散落在河的两岸，与附近的民居紧密相贴。"与之相伴的，是年复一年的翠柳。"

　　当然，干窑最具代表性的"活遗址"沈家窑，她们也没有错过。听了沈家父子的家族故事，看了沈家父子精心收藏的古董砖块、瓦当，他们被墙上挂满的摄影作品所深深吸引，这些以沈家窑为创作题材的作品斩获国内外摄影大奖，见证了沈家窑的成长和蜕变。"作为传统手工艺的一场艰难的长途跋涉，沈家父子走出了载入史册的步伐。"嫣然慨叹道，"时代在变革，未来总是要来。"

　　风物长存，两处窑墩遗址记录、浓缩了一个时代、一段

图 55　戴家湾窑
内（韩李乐摄）。

图 56 戴家湾窑穹顶(韩李乐摄)。

图 57　黎明村
（韩李乐摄）。

历史、一种文化、一方生活。

夕阳余晖洒进夏日的暮色，一天的游览只好作罢，还有很多没来得及去看、去感受的，比如"千窑瓦都"那一片瓦当的传奇。

干窑瓦当的传奇故事，还可以到干窑文化中心三楼江南窑文化博物馆里去感受。一进门口，一块青灰色的砖瓦上嵌着"江南窑文化博物馆"几个金色的字，极具窑乡特色。走进去，正中间的壁照介绍了窑乡"识千窑之镇，站百年之巅"的传奇以及《千军万马与千砖万瓦》的故事导读。

向左绕周为"窑乡忆"。沿着图文动画领略中国砖瓦五千年、干窑六百年的窑乡故事，而后进入"瓦当销百里"展区。干窑镇曾盛产瓦当，建于唐末宋初的嘉善泗洲塔下出土过干窑的瓦当，说明干窑的瓦当生产历史久远。干窑生产的瓦当造型各异，品种很多，古朴中透着多姿多彩。展厅展示了圆形、扇形、半圆形等各式瓦当，以及明代的菩萨砖、清代龙圆形花边等各朝各代瓦当的图片介绍。最吸引人的是展柜上摆满了时代久远的各式瓦当收藏珍品，这些珍品的主人就是干窑已故的地方文化专家董纪法。

一路伴随着对瓦当收藏品的惊叹走下去，就到了"瓦当传千户"展区。"莲花瓦当"寄寓出淤泥而不染的情操；"蜘蛛瓦当"寓意法网恢恢、疏而不漏；"寿字瓦当"教育为官者清正廉洁、两袖清风……滚动播放的瓦当故事会，向参观者展示了一片瓦当不仅可以诉说民俗、寄寓百姓祈愿，也可以讲述廉政清风。

图 58　董纪法在
江南窑文化博物馆
（董晓晔提供）。

接下来的"窑乡技艺"展区展示了"一砖一瓦皆辛苦"的窑工生活和"一步一印行万里"的盘窑生涯。扫码可听窑工原声，配合窑工的大幅生动照片，真切而有代入感。

半圈走下来，数字化与实物模型相结合，以听故事的方式，基本形成了对干窑百年文化的整体印象，体会到了干窑窑文化的内涵。

如果从中间向右绕周，相当于走了一遍"窑乡路"。"望平凡之路，擎文明圣火。"一路走过去，分为"守望窑乡""创新窑乡"两个展示陈列区，与前道"窑乡忆"相承合，通过守望者故事彰显保护窑文化的重要意义，意在增强参观者弘扬民俗文化的认同感、使命感——

图 59 莲花纹瓦当（董纪法旧藏、金身强摄）。

　　京砖烧制技艺的非遗代表性传承人沈步云和许金海牵挂窑文化、守望窑乡的故事，生动而感人；扫码可阅的干窑镇主要窑址分布图，翔实再现了至今散落在河岸的那些土窑，成为窑业的守望者；不断创新的窑文化，不断丰富的窑文化时代内涵，让参观者看到了窑乡的新活力和新未来。

故事会与体验官

"寻故土之根，汲窑乡底蕴，扬文化精神，传文化自信。"

正如江南窑文化博物馆的策划主题所示，干窑一直在坚持创新性传承，努力将窑文化底蕴进一步转化成文化产品、文化产业，让大家享受到更深层次、更高品质的窑文化体验，从而发扬文化精神、坚定文化自信。总结起来，有两个关键词：故事会、体验官。

干窑人说窑文化故事的形式一直在变，但努力一直没变。

干窑人把保护窑文化的故事写入申报材料，积极争取各类文化称号，为窑文化遗址和技艺"加冕"，以获得更多政府的资源加持和民众的关注——

2005 年，干窑村的"和合窑"被列为省级文物保护单位。

2009 年，嘉善"京砖烧制技艺"被列为"浙江省非物质文化遗产普查十大新发现"之一。它为嘉善京砖的主要生产地干窑镇的窑文化研究、推广注入了新动力，也为窑文化的发扬与传承迎来了新机遇。

2007 年，"嘉善京砖烧制技艺"被列入嘉兴市首批和浙江省第三批非物质文化遗产名录。

2011 年，"京砖"烧制技艺项目保护传承单位——和合窑被列入浙江省非物质文化遗产生产性保护基地。

2018 年，京砖烧制技艺入选第一批浙江省传统工艺振兴目录。

干窑人为保护窑文化积极组织文化活动，用丰富多彩的文化形态，塑造窑文化的美好姿态——

2008 年 6 月，嘉善县和干窑镇在第三个文化遗产日举办了"干窑'窑文化'展"，展出了大量瓦当，同时还举办了"干窑'窑文化'研讨会"。

在 2009 年首届中国·干窑江南窑文化节上"敬窑神、祭六眼"窑俗仪式表演、江南窑文化展、"窑乡韵"五人书法展等受到各界人士的关注。

2009 年 10 月，来自嘉善县及周边地区的专家学者相聚干窑，以论坛的形式共商窑文化的挖掘与弘扬。学者们围绕"窑文化的传承与经济发展"主题，就"窑文化"的保护、嘉善窑业可持续发展、"窑文化"魅力的传承展开了热烈的讨论。

2010 年，举办了嘉善·窑乡道德风尚节。

2012 年举办了第二届窑文化节并以"品鉴窑乡文韵·共创美好家园"为主题。

2019 年，举办中国故事节·干窑故事节征文活动，共收到来自全国 27 个省区市 301 位作者的 421 件作品，还有 2 位海外华人的作品。活动期间，干窑镇还邀请了全国故事名家走进干窑，开展采风创作活动，述江南窑文化之乡感悟，写窑乡的前世今生，说窑乡的发展变化，真正让故事来自民间、扎根民间。

2021年，窑文化节围绕"弘扬窑文化　奋进新时代"于3月启动，分为"挖掘窑文化""传播窑文化""深耕窑文化"三个篇章，以寻味、寻梦、寻根、寻彩为内容，举办了"走进干窑"媒体采风活动等，进一步提升了窑文化生机和活力，全面打造窑文化品牌升级版，为精美干窑建设提供有力支持。

近年来，干窑人进一步深挖丰富的窑乡文化资源，弘扬窑文化精神，传播窑文化，创编了一批独具窑文化特色的精品节目，如舞蹈《窑红》、《我的百年梦》、《不熄的窑火》、宣卷《窑魂》等，全方位展示窑文化，形成了一系列窑文化相关文艺新故事。

干窑人把无形的窑文化，变成可触、可感、可听、可视的文化产品，让观众升级为体验官，为窑文化代言——

在沈家窑设立窑文化非遗体验点，集窑文化体验教室、作品展示厅、窑文化成果展示等多种功能于一体。

建成并升级了江南窑文化博物馆。

修复废弃窑墩遗址，进一步打造"窑文化"文化旅游品牌，不断促进文旅融合发展。

努力保护好近代民族工业遗址陶新机制瓦厂这一历史文化遗产。

为拥有突出工艺技能者以及优秀创意文化工作者提供场地租金减免等全方位、精细化服务，拓展文化产业发展空间。

支持学校开展"窑文化建设"活动。干窑学校成立窑文化建设领导小组，选定窑文化项目负责人，保障窑文化活动的开展；开设学校窑文化陈列室和窑文化工作室；编写《不熄的窑火》校本课程教材，安排校本课程专职教师；成立窑文化制作兴趣小组，开展相应的实践制作活动，综合实践活动成果获得省二等奖。

2019 年，干窑镇入选浙江省非遗主题小镇，京砖写字砖入选第二批浙江省优秀非遗旅游商品。

不熄的窑火

初到嘉善，若在大街上询问当地人嘉善的代表性文化地标在哪里，很多人都会回答嘉善"两馆"（博物馆和图书馆）。"两馆"获得过"中国建筑界奥斯卡奖"鲁班奖，建筑外立面覆盖灰色石材幕墙，平整朴实，内立面为木色玲珑曲面，形态丰富，这种内外对比隐喻了平凡外表下"内藏珍奇"的构思。而它的设计灵感，来自嘉善历史上的砖瓦窑，被誉为"博库珍窑"——整座建筑物如璞玉原生，内透光华，又如一座城池收藏，内韵文华，"知识殿堂，文化客厅"的形象生动再现。

博物馆三楼的"不熄的窑火——嘉善砖瓦窑文化陈列"以鲜明的地域文化个性和民风民俗展现了嘉善的历史文化，吸引着众多参观者前来，感受嘉善砖瓦烧制业悠久辉煌的过去与窑文化生生不息的历史记忆和气韵流动。

作为"活遗址"，老窑墩仿佛是穿越了百年的华章，里面的一砖一瓦都沾染着时光的印痕、跳动着时代的音符。

作为非物质文化遗产，瓦当、京砖及其生产技艺仿佛一部循环播放的老电影，从传统中来，到烟火中去，传承着文化的基因。

作为代代传习的传统窑文化习俗，仿佛时光留声机里回响起的老歌，慢慢有了故事的你我听出来岁月的味道，唤起了共同的悲欢。

刻进千窑血脉的窑文化，带着悠久历史的馨香，在世世代代干窑人的保护和传承下，依然在当下生活的细微处不经意间体现着、流动着，告诉我们这个地域辉煌的窑文化历史。

往前走，是未来；往后看，是历史。往上看，是艺术；往下看，是生活。"干事为先，窑铸文明"，这是生生不息的窑文化力量所在，铸就了勤劳、坚毅、求索的创业创新精神，形成了独特的窑乡精神谱系。

不熄的窑火，映照出以志为业、做到极致的匠心精神

嘉善博物馆的"不熄的窑火——嘉善砖瓦窑文化陈列"以大量的图文和影像，生动复原和记录了嘉善窑业的辉煌历程、窑工技艺的传承和窑文化习俗的现场。当荧幕亮起，窑火烈焰燃起，窑工带着一身"窑黑"专注于手上的工艺，感觉时间的尘埃被瞬间拂去，一下子被带入现场，感动依旧，触动常新。

时间抛弃了喧嚣，把遗忘变成了难忘。无疑，这其中有一种工匠精神力量带来的震撼。

时代进步、经济发展的齿轮压碎窑工业的辉煌，手艺传承、劳心劳力的困境让窑技窑艺面临后继乏人的窘境。但干窑有一批窑业的"匠人"，甘心用一辈子精益求精的痴迷和坚守来对抗时间的"洪流"，以艺术创作的态度进行窑技窑艺的承传与流转，"工匠精神"迸现，令人感怀赞叹。

经历了少年的好奇、青年的沉浸，人到中年的沈步云虽已成为富裕的小老板，但还是毅然决定押上全部身家买回沈

家窑，重新进入业已飘摇的窑业，把对窑的热爱变成职业、做成事业，这既需要勇气也需要毅力。勇气和毅力中足见其"工匠精神"。

从小在窑厂长大，对京砖有着特殊情感的许金海，即便是自己管理的窑墩因经济转型而被拆除，仍然坚持为京砖技艺的传承奔走努力，做些别人看来"无用"的事情，靠的就是身为京砖技艺传承人的"自尊心和觉悟"，在这种坚持"无用"之用的执着足见其"工匠精神"。

痴迷于收藏瓦当、京砖、砖雕，"四十载守护三千窑瓦承匠心"的董纪法，义务进村入校，做窑文化讲解员；捐赠中国制造的"第一张平瓦"等珍贵收藏，自掏腰包办收藏展……带着平和的心境，在他对瓦当收藏文化的极致追求中足见其"工匠精神"。

沈刚继承了父亲对窑文化的热爱，和父亲一起守在闷热辛劳的窑场，一边精进窑场技艺，一边学习运用现代管理理念让窑场真正地"活"起来、火起来。他不仅用专业性的认知和创新性的传播让窑技窑艺得到更多的关注和更好的保护，更以自然而然追求极致的内心诠释了"工匠精神"的价值所在。以志为业更见其"工匠精神"。

还有很多曾经或者现在仍坚守在窑业的"匠人之花"，在留存下古老技艺的同时，也留下了影响一地风气的精神气韵。一项针对1794名15~36岁年轻人进行的调查显示，95%的受访青年表示钦佩能在某个领域做到极致的人。

干窑中学的一位老师告诉笔者，通过参与学校窑文化的教育实践活动，班里有不少同学都认为，能成为像窑文化传承人那样专注于自己兴趣的匠人，是一件很酷的事情。干窑的教育正传递和回应着一种新的信念——是时候俯下身子，做一个专注的"工匠"或"极客"，发现和创造美好，服务他人了，这是一种新的时代风气和气质。

不熄的窑火，映照出清正廉明、勤俭为家的清风正气

瓦当销百里，瓦当传千户。干窑镇曾盛产瓦当，建于唐末宋初的嘉善泗洲塔下出土过干窑的瓦当，北京皇宫、杭州知味馆、山东曲阜、无锡园林等都使用过干窑瓦当。唐代的兽面瓦当、明代末年的"暗八仙花边"、清代的"药"字花边、"福字花边"瓦当……干窑的瓦当造型各异，不同的花边和图案，也代表着不同的寓意，其中令人印象深刻的几种瓦当，流传着清风正气的动人传说，映照出劝善向正、清正高洁的窑乡清风。

比如莲花瓦当，寓意"出淤泥而不染"。相传明末有一名干窑籍的朝廷命官，因查处了一桩地方官员贪赃枉法的水利案而得罪了上司，被贬职。回乡之后他日日画莲，以表示洁身自好、不同流合污的心志。专门做瓦当的邻居拿他画的莲花做成瓦当的图案，警醒世人洁身自好。从此，在干窑的瓦当中便有了象征"一品清廉"的"莲花瓦当"。

蜘蛛瓦当的寓意是"法网恢恢、疏而不漏"。传说，有个

叫阿土的烧窑工，开了个瓦当模子，刻上一只蜘蛛，爬在一张蜘蛛网上，他把相互勾结冤死了同乡的知府、知县和"窑主"都比作蜘蛛，总有一天法网难逃，就像蜘蛛永远挣脱不出那张网一样，这叫"法网恢恢、疏而不漏"。后来在钦差大人路过时，阿土趁机送上蜘蛛瓦当，引起了钦差大人的注意，查明了冤情。从此，民众纷纷烧制"蜘蛛瓦当"，表示抗击地方权霸欺压的决心。

还有寿字瓦当，说的是清正廉明、两袖清风的故事。话说巡抚老爷做寿，囊中羞涩的嘉善知县用八张做工考究、寓意吉祥的"寿字瓦当"当贺礼，得到巡抚和众人的喜爱。不久，巡抚因贪污受贿而被朝廷革职查办，借祝寿之名行索贿之实的事情也东窗事发，行贿数额巨大的官员纷纷落马，唯有嘉善知县因只送了八片廉价而又精巧的瓦当以及其余寻常之礼而保住了乌纱。消息传至嘉善，人们纷纷仿效以"寿字瓦当"做寿礼，取其清廉吉祥之意。

不熄的窑火，映照出敬业争先、不断开拓的创新精神

历史上，干窑人敢于争先、敢于创新，创造了窑业的诸多辉煌——干窑很早就生产了供皇宫用的京砖，生产了南宋建都临安的砖瓦，历史上著名的"定超京砖""明货京砖""金纪京砖"等也都出自干窑；干窑人敢为天下先，创立陶新机制瓦厂，生产出了中国第一张平瓦，一举打破了洋人对平瓦市场的垄断；干窑人研制的平瓦模子，闻名全国；干窑人创造了丰富的砖瓦品类，嘉善窑货实物普查时，发现带有创新性的花式砖都是由干窑研制生产的。

历史上，干窑人抓住历史机遇，在清中期一举把干窑打造成窑业中心。据《嘉善县志》记载，清代中期以前，嘉善窑业的中心在今惠民街道王埭村（以前称王带市），但"清代咸丰十年（1860）遭战乱而废"。附近张泾汇一带的窑业也因河道狭窄、运输不畅等而逐渐衰落。淞沪新辟商埠、大批商贾官僚纷纷避祸沪杭，砖瓦需求量大增，窑业获利丰厚，窑户们看中干窑的水土、水运优势，争相在这里开窑，窑业迅

速发展起来。

历史上，干窑人接轨上海建设的步伐也是从窑业开始的。《申报》显示，清光绪年间，上海开埠所需的大量砖瓦，就是由嘉善干窑等地经过水路运往上海的，"每日总有五六十船，其借此以谋生者，不下十数万人"。到了民国，上海所需砖瓦，"除一部分由轮运外，其余均由铁路载运……络绎不绝，每日平均计有三十余辆之多，年值五六百万"。

时间，是进步的见证者、历史的书写者，更是精神的沉淀者。在现代的干窑，诸如沈步云、沈刚等仍在坚守窑文化的人，实实在在地继承着这种创新的基因，不断地做着符合时代之所向的新尝试。

从恢复京砖技艺到烧制世界最大京砖，从保护"活遗址"到让传统技艺参与教育，从窑文化的挖掘记录到窑文化节的活态传承，从窑乡记忆到窑乡路、窑乡博物的扩展，干窑人践行着创新性的传承、记忆性的记录、保护性的留存、弘扬性的展示。保护传承窑文化，留下历史的根脉，已经内化成干窑人的一种文化自觉。

2021 年是建党百年，历经百余年窑火不熄的沈家窑，成为"建党百年砖"烧制单位。"建党百年砖"是一套青、红纪念砖，由著名古砖收藏家设计创作、著名书法篆刻家刻母砖、上海美院制模，且原料特地从南湖湖心取土，象征着从革命启航地再出发。

"没有实样，只能根据图纸不停地尝试。"经过无数次的试样，沈家窑凭借着出色的工艺最终确定坯形，而后历时近一个月烧制，最终出窑。由于是纯手工制作，每一块砖都有着细微的不同，为确保颜色、尺寸、形状相近，21 万块砖全部由人工挑选而出。为了确保"建党百年砖"的烧制质量，干窑镇还成立了"建党百年砖"烧制项目（沈家窑）临时党支部，确保每一个步骤都精确无误。

"'建党百年砖'在沈家窑烧制，正是嘉善运用'唯实惟先、善作善成'的方法原则最生动的体现。"嘉善县领导在新时代"重走一大路""建党百年砖"送砖仪式上说道。在江南窑文化发源地嘉善烧制"建党百年砖"，既挖掘、传承、创新了地方传统文化，更使窑乡文化基因与时代精神相融合，让砖瓦成为艺术品，增添了窑文化新时代的自信。

弦歌不断

————————

如今，行走在干窑，曾经的窑墩遍布之处早已变成一望无际的稻田、全新布局的工业园，但底蕴深厚的窑文化，已经化作干窑人文化自信的源泉。

那源自窑文化的自信，藏在干窑人的精气神中，是精神，是力量，也是灵魂。如果说罗丹的雕塑是"向石头找灵魂"，那么窑文化的技艺则是向"火焰找灵魂"。火与水、光与影、明与暗、远与近中，看到一个个为窑文化鼓与呼的身影，有着强烈的动感和澎湃的激情，其构成了火焰中的灵魂。

那源自窑文化的自信，藏在嘉善新时代的文明坐标中，是人文，是内力，也是定力。希腊神话中，自从普罗米修斯为人类盗取火种之后，人类有了生存的文明。中国的神话中，燧人氏发明了钻木取火，开启了华夏文明的起源。嘉善干窑的"神话"中，窑户门点燃了一炉窑火，也点燃了生存、生活的火种。当"窑火不能熄"成为一种信念，那一炉窑火传递的是文化的火种，是非物质文明之火，孜孜矻矻，生生不息，永不会熄。

寻故土之根，汲窑乡底蕴，扬文化精神，传文化自信。

文化的链条总是十分迂回曲折地穿过所有文明坐标。窑文化广场、窑文化博物馆……干窑人用对文化传承的尊重，建起属于干窑人的文化地标，也建起承载历史和记忆的文化新空间。

文化是小镇之魂，地名是历史的回家路。干窑，这样的地名是抹不去的胎记，是推土机也推不掉的记忆。"我是干窑人。"当这样的乡音传来，窑文化已经化成干窑人情感的血肉，构成了一生的乡忆。

文化化人，经典文化的传承，一定能引起共鸣。

当游客饱蘸浓墨，一笔一画写在练字砖上，在中华书法艺术的博大精深中，感受一份来自民间技艺对传统的传承和坚守；

当孩子们总爱到和合窑走一走、看一看，参观砖瓦传统生产烧制过程，参与京砖制作，体验瓦当文化；

当"窑文化的探究"成为干窑孩子们最爱的讲座之一；

当慕名而来的民俗爱好者，畅游在每年举办的各类窑文化展，翻阅有关窑乡记忆的图书；

当文艺工作者不断创新节目形式，讲述生生不息的窑火不断燃烧出坚实耐用的砖瓦……

那窑火燃起的是干窑人数百年来的坚守和梦想，那窑火淬炼的土与泥，意味着不忘初心，不忘来时路；那砖是国之基石、厚积薄发，寓意着每个为美好生活添砖加瓦、忘我奉献的平凡人。

窑乡文化基因与时代精神相融合，激发新的生机与活力——

发扬"窑文化"中吃苦耐劳、勤勉踏实的精神，努力推动各项社会事业发展；窑文化赋能，激荡干事为先的澎湃动力，为打造嘉善北部新城而不懈奋斗；勤劳勇敢、开拓进取，那源自窑文化的窑火精神，正助推小镇不断升级。

文化如水，润物无声。美好生活的一千种可能，都要靠文化造就。

弦歌不断，历久弥新。拂去历史的尘埃，穿越岁月的回响，昭示文化的力量。

繁华窑业的故事已经老去，那是老窑工回头也只能目送的春天。

象征不灭精神的窑火越烧越旺，那是干窑人共同期待的明天。

图书在版编目(CIP)数据

千窑掬匠心：窑工实录 / 刘木新著. -- 北京：社
会科学文献出版社, 2023.3
（窑火凝珍 / 刘耿, 董晓晔主编；7）
ISBN 978-7-5228-1481-0

Ⅰ.①千… Ⅱ.①刘… Ⅲ.①砖-工业炉窑-工人-
访问记-中国②瓦-工业炉窑-工人-访问记-中国
Ⅳ.①K828.1

中国国家版本馆CIP数据核字（2023）第033011号

窑火凝珍
　千窑掬匠心：窑工实录

主　　编 / 刘　耿　董晓晔
著　　者 / 刘木新

出 版 人 / 王利民
组稿编辑 / 邓泳红
责任编辑 / 王京美　吴　敏

出　　版 / 社会科学文献出版社
　　　　　　地址：北京市北三环中路甲29号院华龙大厦　邮编：100029
　　　　　　网址：www.ssap.com.cn
发　　行 / 社会科学文献出版社（010）59367028
印　　装 / 三河市东方印刷有限公司

规　　格 / 开　本：787mm×1092mm 1/16
　　　　　　印　张：8.75　字　数：92千字
版　　次 / 2023年3月第1版　2023年3月第1次印刷
书　　号 / ISBN 978-7-5228-1481-0
定　　价 / 268.00元（全七册）

读者服务电话：4008918866